资源循环体系
与产业建设

Resources Circular System
and Industrial Symbiosis

杨敬增 著

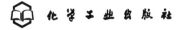

化学工业出版社

·北 京·

内容简介

本书阐述了资源循环体系的意义、建设理念、模式框架、生产要素组合等，提出了创建流程和数学表达，并以产业、要素等多元融合为基础，进一步完善了资源循环体系的创新理论。本书还较为全面地介绍了资源循环体系在不同领域多个成功的工程案例，并分享了低碳循环经济园区建设的相关知识。

本书可供循环经济项目实施主体、规划设计部门、投资者、运行方和资本运作机构的理论工作者、企事业管理者、科研人员阅读参考，也可作为高等院校产业经济、资源循环、环境科学、环境工程、物流等专业本科与硕博研究生的专业辅助教材。

图书在版编目（CIP）数据

资源循环体系与产业建设/杨敬增著． —北京：
化学工业出版社，2024.3
ISBN 978-7-122-44665-7

Ⅰ.①资… Ⅱ.①杨… Ⅲ.①资源利用-循环使用-研究 Ⅳ.①X37

中国国家版本馆 CIP 数据核字（2024）第 033063 号

责任编辑：卢萌萌　　　　　　　　文字编辑：郭丽芹
责任校对：刘曦阳　　　　　　　　装帧设计：史利平

出版发行：化学工业出版社
　　　　　（北京市东城区青年湖南街 13 号　邮政编码 100011）
印　　装：北京天宇星印刷厂
710mm×1000mm　1/16　印张 12　字数 202 千字
2024 年 6 月北京第 1 版第 1 次印刷

购书咨询：010-64518888　　　　售后服务：010-64518899
网　　址：http://www.cip.com.cn
凡购买本书，如有缺损质量问题，本社销售中心负责调换。

定　　价：98.00 元　　　　　　　　版权所有　违者必究

序

应敬增老师约请为本书作序，由此，我想起 2016 年曾在他主编的《城市矿产资源化与产业链》出版时谈及，依据资源循环规律，基于物质全生命周期理论，遵照节能减排和清洁生产原则，立足国家资源战略，建立先进的产业体系并开展产业实践，是一件利国利民、利于环境的大事。

几年之间，国家的环境资源事业又有了很大的发展，在"两山""双碳""双循环"及"无废城市"等战略目标引领下，各地积极调整经济结构，开展产业模式创新，努力提升经济增长的质量和数量，提高全要素生产率，促进经济社会持续健康发展。在这一过程中，从不同渠道，也了解到敬增老师和他的同事们一直深入研究资源循环体系，开拓产业发展新路径，特别是注重工程实施，在不同领域开展了产业化、规模化的项目建设，并取得了突出成果。此次，他将研究理论和工程实践总结出版《资源循环体系与产业建设》一书，正当其时，也十分必要。

首先，资源循环体系是生态环境保护与资源开发的需要。资源及其利用方式，是中国经济领域最为基础、也最为重要的关键性问题之一。促进资源循环利用，不仅可以带来可观的经济效益，也可以减少污染物的产生。建立防治二次污染、高效利用资源这个核心，才能在减少污染的同时提高资源利用率，最终实现社会的可持续发展。

另外，资源循环体系是"无废城市"建设的需要。作为城市发展的新模式，"无废城市"通过绿色生产方式、生活方式的转变，从源头减量，促进资源化利用，最终最大限度地减少填埋量。"无废城市"建设促进了城市废物处理处置设施的建设，正因为此，国内循环经济产业园区建设方兴未艾。

同时，资源循环体系是国内大循环的需要。大循环依赖于经济供应链的稳定，而资源供给保障能力是实现经济供应链安全、可控的重要基础保障。当前，我国资源禀赋与部分矿种资源供给潜力不足，部分战略资源对外依存度高、进口渠道相对单一。完善的循环利用体系能够有效提高资源利用效率和资源供应链稳定性，对降低我国资源对外依存度，应对资源安全风险有重要的积极作用。

还有，建立资源循环体系也是"双碳"的需求。应将资源循环体系与实现碳达峰、碳中和目标相结合，将"减废"和资源循环纳入体系，通过政策和经济手段促进"减废"。要加强废弃物的全生命周期管理，开展废弃物的闭路循环产业链设计与实践，由补齐短板转为深化综合治理，注重源头减量措施，提高效率，提升绿色生产、绿色消费水平。

新的形势下，著者继续认真分析行业现状，找出瓶颈，守正创新，以独特的产业思想和工程实践，架构了资源循环体系，并在更多项目与园区建设中取得了实效。这是产业经济研究的重要课题，也是行业可持续发展的关键环节，同时是本书给读者的重要启示。

清华大学循环经济与城市矿产研究团队首席科学家
环境学院长聘教授、教育部长江学者特聘教授
巴塞尔公约亚太区域中心执行主任
2023 年 5 月

前　言

　　我国资源循环事业迅速发展，开发"城市矿产"，建设无废城市，在保护生态环境的前提下最大限度地利用资源，达到经济环境双赢，社会可持续发展，这些先进理念已经得到社会的共识。而"两山、双碳、双循环"的宏伟事业也迫切需要资源战略的有力支撑。

　　"十四五"规划提出，要全面推行循环经济理念，构建多层次资源高效循环利用体系。大力发展循环经济，推进资源节约集约循环利用。规划指出，到2025年，中国资源循环型产业体系将基本建立，覆盖全社会的资源循环利用体系基本建成，资源利用效率大幅提高，再生资源对原生资源的替代比例进一步提高，循环经济对资源安全的支撑保障作用进一步凸显。

　　在多重利好的形势下，资源循环传统的产业方法却显得有些力不从心，行业亟须进行的供给侧结构性改革难以开展，产业体系建设也遇到诸多瓶颈。因此社会各界对于资源循环理论和产业建设方法的需求日益增长，多领域循环经济产业项目也呼唤新型产业模式进行协同与融合。

　　鉴于此，著者希望通过本书，从物质属性、社会需求、理论依据、资源循环理念和全生命周期等概念出发，阐述资源循环的意义，分析资源循环体系建设理念、模式框架、生产要素组合等，提出创建流程和数学表达，并以产业融合、要素融合与多元融合为基础，进一步完善资源循环体系的创新理论，以期对产业研究具有一定指导意义。

　　供应链是资源循环得以环环相扣、持续往复的保障，通过对绿色物流和绿色供应链，特别是弹性供应体系的研究分析，本书提出优化物流结构，缩减物流成本，构筑新型供应体系，保证资源循环产业绿色并弹性运行的系统构架，以适应日新月异的社会发展需求。

　　本书还介绍了资源循环体系把握化废为利、提效减排的辩证关系，在保护绿水青山的同时，最大限度将放错的资源重新放回来，并很好地利用，从废弃物中开辟金山银山，促进社会协同发展。

　　碳达峰与碳中和是国家与企业发展的绿色道路。本书通过"双碳"形势下的资源循环多元化产业体系等内容，从一些特定废弃物的拆解与综合利用着手，论述了资源循环产业低碳节能的重要性和具体措施，对于低碳循环经济园区建设也有一定阐述。

产业经济理论需要工程实践的支撑，因此著者集多年的产业经验，较为全面地介绍了资源循环体系在铜、铅和高值有色金属、生物质能源、废弃电器电子产品、汽车循环、乡镇污水和互联网＋资源循环等不同领域成功的工程案例，希望读者能够举一反三，继续将该理论体系应用在不同实体产业之中，创造更多的社会、环境和经济效益。

著者认为，资源循环体系自身也要在创新过程中不断发展。随着社会进步，新的学科和专业相继产生，互联网和大数据的作用更加彰显。利用好新的产业因子和知识元素，并以灵活而科学的方式有机结合，将会产生倍增效应，更全面、更高效地发挥产业引领作用，这也是资源循环体系还需要深入研究的重要方向。

衷心感谢全国人大环境与资源保护委员会的关心与支持；感谢生态环境部固体废物与化学品管理技术中心、中国电子工程设计院股份有限公司、上海电子废弃物资源化协同创新中心、大冶有色博源环保股份有限公司和城发环境股份有限公司对著者工作的长期支持。感谢中国循环经济协会、中国物资再生协会、中国再生资源回收利用协会在产业推进、技术合作和科技进步等方面的协同与帮助。

著者多年好友，清华大学循环经济与城市矿产研究团队首席科学家、环境学院长聘教授、教育部长江学者特聘教授，巴塞尔公约亚太区域中心执行主任李金惠先生在百忙中为本书作序，深表谢忱。

感谢翟勇教授、王景伟教授、汪新华教授、吕重安教授、刘锋教授、韩业斌正高级工程师、曹启明博士、邓毅博士、何晓英总经理、沙明军总经理和唐百通总经理等对本书的帮助指导；感谢池莉高级工程师、杨博伦设计师、刘璇高级经理等对书稿和资料的整理与校订。感谢范华星女士在国际学术领域为本书传播所做的工作。特别要感谢多年来资源循环团队全体成员和国内外众多合作伙伴，是大家的坚持和努力，才使得资源循环的理念和设想在众多具体项目中得到落实，使其体现出经济价值、环境价值和社会影响力。

感谢化学工业出版社多年来对于资源循环事业的重视和支持，感谢各位编辑认真严谨和卓有成效的工作。

限于编写时间及著者水平，疏漏之处在所难免，希望读者不吝指教，著者在此表示衷心的感谢。

著者
2023 年 12 月

目　录

第 **1** 章

概　述

《资源循环体系与产业建设》系统阐述一种新型产业体系，即基于物质全生命周期理论，依据节能减排和清洁生产原则，采用系统工程方法，将资源循环利用、有序回收、无害化处理、高效利用和新产品的清洁生产有机结合起来，建立新型产业模式，以消除传统产业模式中的冗余生产环节，科学降低成本，提高企业效益和综合竞争能力。同时使社会流通的物料以闭路循环形式运行，物尽其用，在变废为宝、赋予新产品生命的过程中，最大限度减少乃至消除污染，从根本上解决环境保护和经济发展所产生的矛盾，实现低碳高效生产与节能减排。

1.1　时代的呼唤

近年来，全球经济存在很大的不确定性、不均衡性、不可持续性，充满风险和挑战。金融市场动荡，制约世界经济复苏，世界经济还在延续放缓发展趋势。新的形势下，重要的是要恢复经济增长，增强经济实力。我国提出构建国内国际双循环相互促进的新发展格局，是基于国内发展形势、把握国际发展大势作出的重大科学判断和重要战略选择，反映了中国经济高质量发展的内在需要。致力于供给侧结构性改革，构建新型产业链和供应链体系，是时代的需求，是推动双循环相互促进的重要力量，也是双循环格局的核心和纽带。在这一过程中，积极调整经济结构，开展产业模式创新，使生产要素实现最优配置，有序建立资源循环体系，有助于提升经济增长的质量和数量，提高全要素生产率，促进经济社会持续健康发展。

建立资源循环体系也是"双碳"目标的需求。2020 年 9 月，我国提出：中国的二氧化碳排放力争于 2030 年前达到峰值，努力争取 2060 年前实现碳中和。全球气候变化的影响给全人类生存发展带来了日益严峻的挑战，"双碳"目标已成为全球共识。我国提出的目标不仅是对全世界的庄严承诺，还关系到国家发展战略和全局，因此也需要建立成熟、完整、可靠的低碳产业模式，为"双碳"提供产业与工程支撑。

资源紧缺、环境恶化已经成为人类发展的突出问题。科学进步和工业化给人类带来文明生活的同时，也消耗了地球上各种宝贵资源，还留下如山似海的废弃物。中国作为出口大国，由于产业结构和历史的原因，时至今日，以原生资源为主要材料的工业品，仍然占据出口产品的较大比重。大量资源输出至海外，资源形势不容乐观。

面临环境和资源双重压力，世界经济复苏步伐出现明显放缓迹象。发达国家经济停滞不前，新兴经济体继续面临严峻挑战，世界经济走到关键当口。开展供给侧结构性改革，实现供求关系新的动态均衡，提高质量和核心竞争力，坚持创新驱动发展，才能引导经济朝着更高质量、更有效率、更加公平、更可持续的方向发展。

然而企业发展到一定阶段，特别是在成本、人工和产供销等方面潜力挖掘到达一定程度后，往往出现产业"瓶颈"。继续降低各项指标，质量与效率难保；维持现有的水平，又不能在激烈竞争中占领先机。在结构性改革中，努力解决生产力发展同生产关系不相适应的矛盾，是必须面对的严肃问题。本书著者经过近 20 年的理论探索和工程实践，注重相关生产要素分析，研究产业融合特征，将资源再生与新品生产相联系，建立"再生资源—回收处理—原料制备—新品生产"的闭路循环系统。大量工程实践可见，较之传统工艺，资源循环体系的建立不仅合理降低了成本，还能显著提高效率，并有效保证产品质量，从而达到多赢的目的。

1.2　辩证与融合

资源循环体系在运作过程中，可以最大限度地将废弃物加以综合利用，起到变废为宝、化腐朽为神奇的作用。此消彼长的过程，充分体现出废物与资源、污染与治理、利益与付出等辩证关系。本书从传统经济学角度出发，结合国际经济形势进行深入分析，正确认识和把握产业融合机遇，将优秀生产要素结合进资源循环体系，开展从理论范畴扩展到产业运行，从市场化运作延伸到资源与环境经济协调发展的社会实践。显然，在新的形势下产业融合也必须创新发展。本书通过若干项目的工程实践，就实体经济产业融合实践、物质全生命周期融合理念、从产业融合到要素融合等方面都提出了相关创新理念。

1.3　产业链和供应链

本书从循环产业的社会需求、理论依据、资源循环理念和全生命周期等概念入手，以产业与生产要素的有机组合为基础，诠释了资源循环体系的基本理念、定义和构建要点。通过全系列铜金属循环产业链、铅酸蓄电池闭路循环产业链、基于生物质燃料的能源循环产业链、汽车循环多元产业体系、基于乡镇环境综合治理的水资源循环产业链、互联网＋资源循环体系等工程与产业应用实例，具体分析研究了循环产业链在不同领域中的应用特征和创建要点。著者相信，资源循环体系和工程实践的研究虽然起步于资源循环领域，但可以进一步发展，举一反三，较好地应用于更多实体产业和社会工程之中。这需要相关行业人员的积极参与合作，并在实践中不断完善。

循环产业链和绿色供应链的结合，是现代产业供应链迈向绿色环保之路的有力保证。作为循环经济产业，供应链的弹性尤其要给予关注。"无资源，不再生"，再生资源是重要的资源渠道，在规模化、专业化开展循环经济产业运作中，以强大的积聚能力，提供源源不断的再生资源至产业链环节，才能变废为宝，为社会提供新的财富。

1.4　全生命周期与系统工程

全生命周期与系统工程是资源循环体系的两个重要抓手。

再生资源的生命周期从其产生后的收集开始，依次为运输、分选、再循环、处理和最终处置，各环节都可能对土壤、水体、大气和人体健康等方面产生危害，因此对其生命周期全过程进行综合管理十分必要。如果从原料和产品层面更进一步考虑，其全生命周期上溯至矿山，下延到制成品，且通过循环体系的连接，形成有价资源的闭路循环、周而复始的生命轮回。

全生命周期的管理和把握对企业、管理者和研究人员都具有重要意义。对于企业而言，了解生命周期的各环节，也就把握住本企业参与环节的各项实务工作，可以进一步拓展业务面，拓宽盈利范围，更好地应对竞争和挑战。对于管理者而言，从全生命周期的角度看管理，可以厘清各环节之间关系，从而加强关键环节管理，消除冗余环节，提质增效的同时还能降低成本。而对于研究人员，可以从全生命周期的分析中得到更优化、更紧凑、更合理的技术路线和工艺流程，更可以未雨绸缪，在生命周期的前端环节设置方便后端应用的新设计、新结构，形成清洁生产与无害化处置协同呼应的创新格局。

系统工程的定义是，为了最好地实现系统的目的，对系统的组成要素、组织结构、信息流、控制机构等进行分析研究的科学方法。它运用各种组织管理技术，使系统的整体与局部之间的关系协调和相互配合，实现总体的最优运行。系统工程不同于一般的传统工程学，它所研究的对象不限于特定的工程物质对象，而是任何一种系统。它是在现代科学技术基础之上发展起来的一门跨学科的边缘学科。

将系统工程理论落实于资源循环领域，首先要认识到，资源循环体系作为产品或物料的逆生产过程，涉及多角度多要素的科技和工程领域。现代产业中，多学科的融合已成趋势。而另一个概念是跨界，其本意是从某一属性的事物，进入另一属性的运作。主体不变，事物属性归类变化。进入互联网经济时代后，跨界更加明显和广泛，已经进入社会各个领域，创造出很多构想创新、影响重大、发展强劲的经济和文化模式。客观分析传统行业的优势要素和劣势要素，发现本产业自身的不足之处，扬长补短，并通过合作等途径获得补充，将其他领域的优秀要素结合进来，以获得全局更优的要素组合，在创新中运行，形成更完善的结构和体系，有助于产业或事业的健康发展。

1.5 "城市矿产"，扬起风帆

"城市矿产"是现代社会新的"矿山"。

2010 年 5 月，国家发展改革委、财政部联合发布《国家发展改革委 财政部 关于开展城市矿产示范基地建设的通知》，决定通过 5 年的努力，拟在全国建成 30 个左右技术先进、环保达标、管理规范、利用规模化、辐射作用强的"城市矿产"示范基地。

"城市矿产"是指工业化和城镇化过程产生和蕴藏在废旧机电设备、电线电缆、通信工具、汽车、家电、电子产品、金属和塑料包装物以及废料中，可循环利用的钢铁、有色金属、稀贵金属、塑料、橡胶等资源，其利用量相当于原生矿产资源。"城市矿产"是对废弃资源再生利用规模化发展的形象比喻。

至 2015 年 7 月，已有 6 批 49 个国家"城市矿产"示范基地得到批复。大量"城市矿产"原料以高科技产业化形式循环利用，采用这些再生资源生产的产品，特别是金属产品，完全可以达到成品水平。例如生产的铜原料，经过电解等方法，均可达到一级电铜（99.97%～99.99%）水平。而铅酸电池等废铅资源经拆解分类、熔炼精炼，也可以生产出 99.985% 的高纯度铅。"城市矿产"对于原生资源的替代率不断提高。

随着我国全面建成小康社会任务的逐步实现，"城市矿产"资源蓄积量不断增加。我国"城市矿产"中所涵盖的废物类型主要包括：废钢铁、废有色金属、废塑料、废橡胶、废电器电子产品、报废汽车、废玻璃、稀贵金属、废机电产品及报废电线电缆等。预计到 2030 年，我国典型"城市矿产"的处理与生产潜力将达到废钢 53991 万吨、废铜 779 万吨、废铝 6701 万吨、废铅 1613 万吨、废橡胶 747.34 万吨、电子废物 1516.2 万吨、报废汽车4002.95 万吨、建筑垃圾 784157.78 万吨。

2017 年 10 月 29 日，国家发展改革委办公厅、财政部办公厅、住建部办公厅发布《关于推进资源循环利用基地建设的指导意见》（发改办环资〔2017〕1778 号）。目标是大力发展循环经济，加快资源循环利用基地建设，推进城市公共基础设施一体化，促进垃圾分类和资源循环利用，推动新型城市发展。

到 2020 年，在全国范围内已经布局建设 50 个左右资源循环利用基地，基地服务区域的废弃物资源化利用率提高 30% 以上，探索形成一批与城市绿色发展相适应的废弃物处理模式，切实为城市绿色循环发展提供保障。

资源循环利用基地是对废钢铁、废有色金属、废旧轮胎、建筑垃圾、餐厨废弃物、园林废弃物、废旧纺织品、废塑料、废润滑油、废纸、快递包装物、废玻璃、生活垃圾、城市污泥等城市废弃物进行分类利用和集中处置的场所。基地与城市垃圾清运和再生资源回收系统对接，将再生资源以原料或半成品形式在无害化前提下加工利用，对末端废物进行协同处置，实现城市发展与生态环境和谐共生。

2018 年 12 月 29 日《国务院办公厅印发"无废城市"建设试点工作方案的通知》（国办发〔2018〕128 号），将《"无废城市"建设试点工作方案》发至各省、自治区、直辖市人民政府，国务院各部委、各直属机构。全国范围内的"无废城市"建设就此展开。

"无废城市"是以创新、协调、绿色、开放、共享的新发展理念为引领，通过推动形成绿色发展方式和生活方式，持续推进固体废物源头减量和资源化利用，最大限度减少填埋量，将固体废物环境影响降至最低的城市发展模式。"无废城市"并不是没有固体废物产生，也不意味着固体废物能完全资源化利用，而是一种先进的城市管理理念，旨在最终实现整个城市固体废物产生量最小、资源化利用充分、处置安全的目标，需要长期探索与实践。

1.6　资源永续，循环无限

与开发原生矿产资源相比，再生资源的开发利用省去了繁杂的开采过程以及由此产生的大量尾矿、废气、废渣，能够节省生产成本、降低能耗，达到了节约自然资源，最大限度地减少废弃物排放的目的。如生产 1 吨再生铜，可以少排放 100 多吨工业废渣和 2.5 吨 SO_2；生产 1 吨再生铝，约少排放 1.5 吨赤泥，产生的污染物仅为原铝生产的 10%；生产 1 吨再生铅，约少排放 0.6 吨 SO_2 和 20 多吨工业废渣；利用 1 吨废纸，可减少 75% 的空气污染和 35% 的水污染。

与发达国家相比，我国再生资源的回收利用率仍然偏低、回收技术亟待提高。如对废铝的回收利用，我国只能达到 7～10 次循环，而日本可达 21 次循环。我国废纸回收率仅达到 37.9%，与 47.7% 的世界平均水平和 70% 的发达国家水平相比，相差较远。因此，一方面要大力发展资源的循环利用，变废为宝，减少原生资源的损耗；另一方面，也要最大限度地提高再生资源的利用率及优化生产工艺，防止二次污染。

再生资源的开发利用需要同原生资源结合起来，形成全系列、全社会的资源产业结构。要在新形势下，提出新的生产模式，早期产业结构往往平行而独立，如分成钢铁、有色、化工等单独领域。而随着经济发展和资源战略的转移，传统的产供销环节将被循环利用与清洁生产相结合的系统工程所替代。

作为一项系统工程，为了整合全系列资源并最大程度地加以利用，就必须要将各种有益于生产力发展、有利于资源永续的生产要素有机结合起来，并巧妙地形成以资源生命周期为基础，以资源最大限度高效利用为原则，以环境保护、节能低碳为保障，促进社会可持续发展的系统组合。

第2章

看物质，议循环

2.1 物料流程与形态变化

从事资源与环境事业，一定要注重具体物质层面和形态，以及物料在其生命周期中的各种变化。不同的演进过程，物料呈现出不同的环境与资源特性、物料的形态变化，其处理和再利用的方向也会产生变化。合理地分析和设计恰如其分的路线图，将使物料减少和消除污染，并呈现出最大的资源性。另外还要将再生物料与原生资源放在一起考虑，形成社会资源总量的全生命周期运行，这样才能兼容并蓄。

资源循环利用的物料流程与形态变化大致有单一形态的循环利用、变化形态的循环利用、功能性的循环利用、资源与能源的转换利用、多品种资源循环利用5种形式。

2.1.1 单一形态的循环利用

废钢、有色金属、废塑料等通过处理和加工成为新的同类物料，重新运用在新的产品当中。例如废钢和铜铝等经处理后再次形成成品钢或合格有色产品。单一循环的流程为废弃物—处理加工—新物料—使用—废弃物。废弃物经过加工处理变成新的物料。如图2-1所示。

单一循环的利用形态不尽相同，不同材料遵循不同的工艺循环利用。"质本洁来还洁去"，通过高科技手段，可以生产出高纯度、高质量的原料和产品。

（1）废钢

钢，是对含碳量质量分数介于 $0.02\%\sim2.11\%$ 之间的铁碳合金的统称。

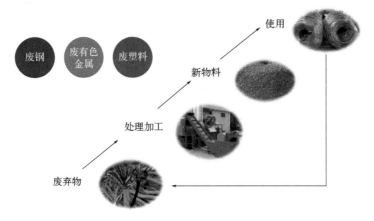

图 2-1　单一形态的循环利用

钢的化学成分可以有很大变化，只含碳元素的钢称为碳素钢（碳钢）或普通钢；在实际生产中，钢往往根据用途不同含有不同的合金元素，比如：锰、镍、钒等。人类对钢的应用和研究历史相当悠久，但是直到 19 世纪贝氏炼钢法发明之前，钢的制取都是一项高成本低效率的工作。废钢，指的是钢铁厂生产过程中不成为产品的钢铁废料（如切边、切头等）以及使用后报废的设备、构件中的钢铁材料。成分为钢的叫废钢，成分为生铁的叫废铁，具体还有渣钢、氧化废料等，统称废钢。按种类分有碳素废钢、合金废钢、钢屑、铁屑、氧化屑、轻薄料、钢渣等十几个品种。按国家标准分类又有重型废钢、中型废钢、小型废钢、统料型废钢和轻料型废钢等。目前世界每年产生的废钢总量为 3 亿～4 亿吨，约占钢总产量的 45%～50%，其中 85%～90%用作炼钢原料，10%～15%用于铸造、炼铁和再生钢材。

根据废钢铁原材料的不同，一般处理方法有气割、落锤、爆破、剪切、破碎、分选、打包等。加工后的废钢送冶炼企业用作炼钢原料、生产线材或型钢等钢铁新品。

（2）废有色金属

有色金属是指铁、铬、锰三种金属以外的所有金属。

有色金属是国民经济发展的基础材料。随着现代化工、农业和科学技术的突飞猛进，有色金属在人类社会发展中的地位愈来愈重要。它不仅是世界上重要的战略物资和生产资料，而且也是制造人类生活中不可缺少消费品的重要材料。有色金属属于矿产资源，为不可再生资源，具有稀缺性和可耗竭性。因此世界工业发达国家对有色金属资源再利用相当重视，其中一些国家有色金属总消费量 50%以上来自于循环利用。近 10 年来，全球再生铜产量

已占原生铜产量的 40%～55%，而全球再生铝产量占原生铝产量的 35%～
50%，锌、镍、镁、锡等再生资源也得到不同程度的利用。废弃五金机电产
品、电线电缆和废弃电器电子产品等领域是废有色金属的重要来源。处理流
程一般为机械或人工拆解、破碎分选、冶炼和电解，产生新的有色材料。在
产业链的设计下，也可通过连轧连铸等工艺直接生产管材、线材或在相关工
艺下生产电线电缆等终端产品。

稀有金属如金、银、铂、铑、钯等虽然也属有色金属，但由于在现代工
业中具有重要意义，有时也将它们单独划分出来。废稀有金属来源于医药化
工行业的胶片、电子行业的印制电路板、集成电路以及近年来发展迅速的手
机等信息产品。其处理方法也有所不同，有机械处理、火法冶金、湿法冶金
和生物法等多种流程。

（3）废塑料

塑料是指以树脂（或在加工过程中用单体直接聚合）为基础原料，以增
塑剂、填充剂、润滑剂、稳定剂、着色剂等添加剂为辅助成分，在一定温
度、压力下，加工塑制成型或交联固化成型所得的固体材料或制品，是合成
的高分子化合物，可以自由改变形体样式。

塑料的发现与发展得益于化学科学与工程的发展，尤其得益于有机高分
子科学技术的发展。其优良性能和广泛用途促使人们大力发展塑料业。随着
消费量不断增大，废塑料也不断增多，已对人类的生存环境造成了严重的污
染和危害。废塑料的回收利用作为一项节约能源、保护环境的措施，普遍受
到重视。由于我国经济快速发展，再生塑料行业的技术水平不断得到提升，
应用领域也随着技术的发展不断扩大。目前物理机械式回收再生塑料仍然是
首选处置方式，主要工序为收集、分选、清洗、干燥、破碎或造粒。造粒后
的塑料可以再次制成相应的塑料产品。

2.1.2　变化形态的循环利用

如废聚酯瓶经处理加工成为纤维，污水处理产生的污泥烧制成砖等。流
程为废弃物—处理加工—新形态物料—使用—废弃物。如图 2-2 所示。

（1）废聚酯瓶

可口可乐、矿泉水等饮料的容器是聚酯瓶，它是由聚对苯二甲酸乙二醇
酯（polyethylene terephthalate，PET）制成。PET 气体和水蒸气渗透率
低，有优良的阻气、水、油及异味性能。透明度高，光泽性好，可阻挡紫外
线。特别是无毒、无味，卫生安全性好，可直接用于食品包装，常用于制造

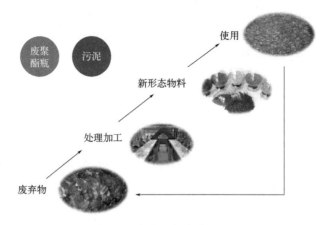

图 2-2　变化形态的循环利用

矿泉水瓶、碳酸饮料瓶等。PET 的另一大用途是纺织业，工业化大量生产的聚酯纤维是用 PET 制成的，商品名称涤纶，是合成纤维的第一大品种。

使用过的废聚酯瓶经过破碎、清洗、高真空烘干、加温塑化、拉丝、冷却、造粒，加工处理后生成 PET 颗粒，以供再制成 PET 相关产品，如化纤纺织原料、PET 片材原料、工程塑料注塑原料等。这些用途中，最为广泛的是将 PET 瓶处理造粒后拉出涤纶丝，进而制作纤维制品或服装。

（2）污泥

污泥是指用物理法、化学法、物理化学法和生物法等处理废水时产生的沉淀物、颗粒物和漂浮物。一般为半固态或固态物质，不包括栅渣、浮渣和沉砂。污泥是污水处理后的产物，是一种由有机残片、细菌菌体、无机颗粒、胶体等组成的极其复杂的非均质体。含水率高，有机物含量高，容易腐化发臭，并且颗粒较细，相对密度较小，呈胶状液态。按来源分主要有生活污水污泥、工业废水污泥和给水污泥。按处理方法和分离过程可分为初沉污泥、活性污泥、化学污泥等。

处置城市污水厂产出的大量污泥，是一个值得深入研究的课题。污泥的处置应本着无害环保、资源或能源应用的原则，对污泥进行浓缩、调质、脱水、稳定、干化或焚烧等工序的处理，并找到一条化害为利、变废为宝的资源化出路，实现经济效益与社会效益同步增长。目前污泥处理的主流工艺包括热解制油技术、堆肥土地利用技术和热解制取吸附剂技术，这些技术能够充分利用污泥中有机物质含量高的特点，不仅可以解决污泥出路的问题，还可产生大量有用物质。近年来环保企业开发的陶粒多孔砖、陶粒加气混凝土砌块等绿色建材，更是为污泥的资源应用找到新的出路。

2.1.3　功能性的循环利用

再制造是功能性应用的主要方法。再制造是指以产品全生命周期理论为指导，以优质、高效、节能、节材、环保为目标，以先进技术和产业化生产为手段，进行修复、改造废旧产品的一系列技术措施或工程活动的总称。再制造不仅保留了零部件中原材料的价值，同时也提高了制造时所需要的能源、劳动力、设备损耗等附加值，极大减少了 CO_2 的排放，并且创造了新的就业岗位。汽车、船舶、电子电器产品由多种物料结合而成，废弃后通过逆生产再返回到各个物料的原有领域当中去，除去上述单一形态的原料级应用，部分部件可得到功能性恢复，可以做成达到原部件质量要求的可利用产品。流程为废弃物—处理—再制造—使用—废弃物。如图 2-3 所示。

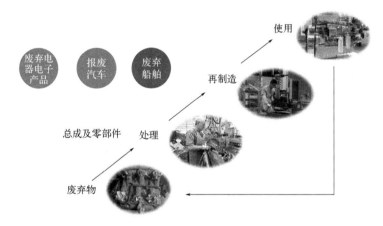

图 2-3　功能性的循环利用

（1）废弃电器电子产品

再制造产品的质量和性能不低于新品，而成本只有新品的 50%，还可以节能 60%，节材 70%，对环境的不良影响与制造新品相比显著降低。废弃电器电子产品中可以找到再制造的契机。据中国文化办公设备制造行业协会统计显示，我国已成为世界上电子办公设备及耗材的主要生产和出口大国。以复印机为例，各类复印机每年的淘汰数量将达到 20 万至 70 万台，激光打印机的淘汰数量达 70 万至 250 万台，喷墨打印机的淘汰数量达 1000 万台。此外，我国废弃的墨粉卡盒组件超过 850 万个，喷墨墨盒超过 6500 万个，总体积超过 70 万立方米。这些数量巨大的废弃文办设备是具有开发潜力的"城市矿山"，亟待对其进行开发利用，同时又需要对回收、再制造过程进行严格控制，减少二次污染，保证产品质量。再制造工程高度契合了国家构建循环经济体系的需求，并为其提供了关键技术支撑，大力开展绿色再制造工程是实现循环经济、节能减排和可持续发展的主要途径之一。

与制造新复印机相比，再制造复印机节省 90% 以上的原材料，降低能耗 95% 以上。如制造某种小型黑白复印机，需要塑料 50 公斤、金属 100 公斤、零件 50 个、集成线路板 7 个，而再制造这样一台复印机只需要更换复印机中的损坏部件，修复其功能，可以节省几乎全部的制造新复印机所需要的塑料、金属、集成线路板等物料。一台新机的框架结构和外壳制造需要用电 3 千瓦时，用水 0.1 吨，而再制造同样一台复印机仅需要用电 1 千瓦时，用水 0.05 吨，至少降低能耗 50%。以再制造工程节约资源、能源、保护环境为特色，可使废旧资源中蕴含的价值得到最大限度开发和利用，极大缓解资源短缺与浪费的矛盾，减少大量失效的报废产品对环境的危害。

（2）报废汽车

汽车零部件再制造通过运用先进的清洗技术、修复技术和表面处理技术，使废旧零部件达到或超过新品性能，充分利用废旧零部件中蕴含的二次资源，节约制造新产品所需的消耗，延长产品使用寿命。作为新兴产业，汽车零部件再制造不仅能够提升传统产业的竞争力，而且还能提供大量的就业机会。因此，研究和发展汽车零部件再制造产业具有显著的经济效益、环境效益和社会效益，对发展循环经济，建设资源节约型、环境友好型社会都具有十分重要的意义。

汽车零部件的再制造将是报废汽车拆解未来的主要利润点，目前制约再制造发展的原因是，汽车零部件再利用还未形成产业链规模，单个报废汽车企业实力有限，难以实现零部件的再制造，这是影响报废汽车精细化拆解的根本原因。

汽车零部件再制造作为科学解决报废汽车问题的有效途径，在世界汽车产业发达的国家受到重点扶持，其经验值得借鉴。美国不仅有全国性和行业性的再制造研究中心，而且在大学开设相关课程。欧盟和日本也非常重视再制造产品，都制定了相关法律鼓励报废汽车的再制造。零部件再制造在国外已经有 50 多年的发展历史，已经形成了比较完善的制造和服务体系。在德国的慕尼黑，宝马公司建有专门的再循环和拆解中心，负责研究旧车的拆解技术与再制造。在再制造的过程中，报废汽车零部件有 94% 被高技术修复，5.5% 回炉再生，只有 0.5% 被填埋处理。

我国再制造产业仍处于起步探索阶段，对再制造产业所能带来的经济和社会综合效益有清楚认识的企业和投资者还不多，从事汽车零部件再制造的企业也比较少，然而汽车零部件再制造在全球已是大势所趋，国内汽车企业要想参与到全球体系的竞争，也需紧跟形势，积极开展产品回收，承担起实施再制造的责任。

（3）废弃船舶

拆船业正在成为资源再生的重要分支。2021年，全球共有704艘货船拆解，总计2640万载重吨，总价值达27亿美元。从不同船型拆解载重吨位规模来看，2021年，油船拆解量达到1560万载重吨，占比59%，高于2020年近40%；而散货船的拆解量约为510万载重吨，占比仅有19%，相比2020年下降超过40%。

船舶机电设备和零部件再制造是列入国家发展和改革委员会《产业结构调整指导目录》的鼓励项目之中的。近几年，中国拆船协会正在会同有关方面，积极研究探讨废船机电设备、零部件再制造的可行性。目前国际上一些大型船舶设备制造和研发企业都有船舶设备的再制造环节，并得到应用和发展，而我国目前还刚刚起步。随着拆船物资深加工再利用的水平进一步提高，船舶主要部件的再制造研发得到重视，改变拆船物资单一销售模式，企业的盈利能力则会得到增强，有望从根本上改变拆船企业经营困难的局面。

2.1.4　资源与能源的转换利用

如垃圾发电、塑料制油等。流程为废弃物—能源转换—能源利用—作用于新产品—废弃物。如图2-4所示。

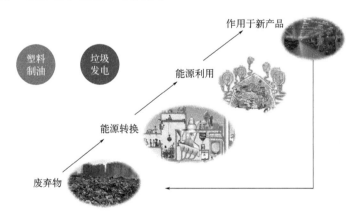

图2-4　资源与能源的转换利用

一些废弃物再利用成为加工原料或产品的可能性没有了，并不代表就一定要去填埋，用它所含的能量转化为能源，其实也是很重要的资源利用。例如垃圾发电既可去除垃圾的有害物，同时又产生了电能，完成资源与能源的转换。而通过裂解、催化等工艺将不可再生的塑料制成燃料油，让这些资源以清洁能源形式再现，再用于社会，或生产新的产品，一举两得。

2.1.5 多品种资源循环利用

多类不同品种废弃物经过处理利用形成新的物料或产品，部分或全部应用于社会化新品之中。流程为多种废弃物—分别处理加工—用于某一或某类产品—使用。如图 2-5 所示。

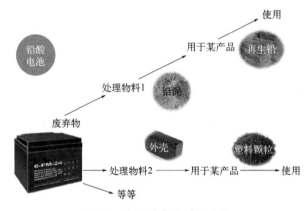

图 2-5 多品种资源循环利用

铅酸电池是一种电极主要由铅及其氧化物制成，电解液是硫酸溶液的蓄电池。铅酸电池放电状态下，正极主要成分为二氧化铅，负极主要成分为铅；充电状态下，正负极的主要成分均为硫酸铅。废弃的铅酸电池主要由铅、硫酸、塑料等组成。经过处理所得到的这三种物料可以分别应用到不同场合，也可以用于电池生产的不同工序。

其实废弃电器电子产品、报废汽车和电线电缆等都属于多品种资源循环利用，只不过批量巨大，在产业中位置重要，因此均已单列。

2.2 法理角度看循环

2.2.1 定义

我们需要科学、全面、准确地分析与定义资源综合利用。

在分析时，需要既注重具体物质层面的资源再生和物料形态变化，又侧重社会层面的资源循环利用；既注重再生资源总量，又综合考虑原生资源在内的资源总量；既注重循环利用对于国内经济和资源的作用，又考虑国际资源大循环的综合影响；既采取防治措施保护环境，又强调提高利用率与降低废物产出的辩证作用。

据此，资源循环利用可以定义为，为了解决生存需要和社会发展，保护生态环境，通过科学技术和先进工艺，全面提高资源利用率，对于生产生活中所产生具有再生性质的废弃物进行回收处理和适当形态再利用，成为产品或物料，使用后可重新进入循环利用流通的生产及其他相关活动。

资源循环利用实现了资源在生产链中多次反复、循环利用，并形成循环流动。它将经济活动组成"资源—产品—再生资源"的反馈式流程。

再生物质资源开发要考虑资源的多级重复利用，要方便产品的再利用和再循环。物料的产出要服从资源的高值利用、高效利用和多级利用。生产工艺、生产过程、产品运输及销售阶段注重集成化和废物再利用，消费阶段考虑延长产品使用寿命和实现资源的多次利用。在生命周期末端则考虑资源的重复利用和废弃物回收及再循环。

2.2.2 所存在的问题

当前资源循环事业中还存在一些问题。

（1）没有从国家层面统领资源循环利用

资源综合利用的国家体系，就是从国家层面出发，综合国情、人口发展、资源现状、技术水平、经济属性、产业特点以及人文社科等因素，制订与资源有效应用、资源再生利用、产业建设与发展、教育和管理科学相关的系统框架与方案。上兵伐谋，应该抓紧这方面的顶层设计。

（2）没有将资源循环利用上升到国家资源战略层面

世界资源格局巨变，再生资源在许多领域已经占据重要地位或半壁江山，历史已经将资源再生利用摆上战略地位，需尽快对其在国家经济发展中的位置有清晰的认识和思考。

（3）传统工业结构束缚产业发展

传统工业结构平行独立，如分成钢铁、有色、化工等单独领域。开放式、直线型生产模式耗费大量能源，碳排放严重，难以避免产生污染因素和扩散因子，产业环节松懈，物流低效，要从生产要素的新型组合和生产关系的改变来解决这些问题。同时需要在法律上对现有生产和管理体系提出变革要求，以适应资源综合利用与清洁生产相结合的产业发展方向。

（4）资源和环境的统一程度不够

抓 GDP（国内生产总值）时让环境让路，抓环境时限制资源再生，这已经是少数地方管理者的一种思路。当务之急是要尽快组织政府与民间力量，以科技创新和进步为基础，把矛盾的两个方面引导为集中的合力。利用率越低，往往污染就越重，而将污染物中的有用成分提出来，污染自然降低。

（5）号召多规范少，引领多法规少

资源的节约、循环利用和保护环境，这本来是企业与公民的责任，需要严格管理，但近年来号召和道德引领，鼓励和促进太多，而法制和政策手段又太少。就以大家熟知的塑料袋白色污染一事来说，讨论多年，众说纷纭，各种会议提倡应该禁用或少用，可不少超市商场仍然无限制应用。将"应该"变成"必须"，迅速改变团体和个人不良习惯，提高国民素质，是法治建设很务实的角度。

（6）专项科技投入不够

科技投入散在各个领域，难于形成大攻关，做大事的态势，要以科学发展观为先导，重视相关学科和边缘学科，鼓励多学科的合作和攻关。加大投入，力争在较短时间完成一些难题攻关，如尾矿和雾霾。

（7）国民的资源教育亟待提高

我国国民资源教育严重不足。一些发达国家已经将涉及资源、节约、回收和再利用的基础知识贯穿于中小学教育正式课程，收效显著。我国目前资源基础教育力度很弱，良好的习惯和理念亟待从娃娃抓起。专业人才培养不够，设系和专业的院校很少，应尽快重视该领域的人才教育和培养，特别是高端人才培养工作。

2.2.3　对法律法规的建议

① 结合我国资源的实际情况和当前的紧迫形势，建议尽快组织力量开展资源循环利用的法理、生命周期、产业模式和管理框架等方面研究，为法律制订提供基础支撑。

② 以现有法律法规为基础，加入资源循环利用的定义、范畴、流程、规范和管理等内容，建立包括产业、法律、监管、科技和教育在内的资源循环国家体系，形成一部以国家资源战略为引领，物质循环为基础，法制手段

为保障，有效促进经济建设和可持续发展的资源类法律。在该法律框架内，制定相关下位法，并责成有关部门制订与之相应的规章政策。

③ 法律修改中要强化统筹规划、协同发展和体系建设，责成有关部门制订产业、项目、资（基）金、环境与节能减排等长远发展规划。

④ 有法可依和执法严格是国家体系高效运行的关键，监管是必不可少的环节。建议在法律中明确政府主管部门是监管的领导部门，请各部门设立专门的监督机构或者在现有编制内设置相关岗位加强监控，促进体系运行。

⑤ 建议对厉行节约、减量化、绿色生活和生态保护的人文教育给予关注。

2.3 资源循环的社会意义

2.3.1 建立资源循环型社会

世界科技和经济的发展出乎人们的意料，正如马克思所说的那样，"产生了以往人类历史上任何一个时代都不能想象的工业和科学的力量"。在众多的产业领域中，资源和环境作为社会进步的两个方面，其可持续发展对我国建立人与自然和谐的生态文明社会有着重要的意义。要看到资源再生事业正在以超乎人们想象力的速度发展，并迅速由过去的传统行业转变为欣欣向荣的朝阳产业。自 20 世纪 90 年代以来，世界各国正在把发展循环经济、建立资源循环型社会看作是实施可持续发展战略的重要途径和实现方式。资源与环境问题是现代化社会的瓶颈问题，两者之间存在着相互依赖，又彼此制约的复杂关系。这就要求我们寻找契合点，以资源循环的经济发展模式，走综合利用的道路，才能有效解决资源与环境的矛盾。

2.3.2 树立新型资源观

对位是资源，错位变污染。寻找契合点，关键在还原。秸秆等大量的农业废弃物弃于农田，处理困难，焚烧还加重雾霾的形成，却是建材和饲料的大宗原料；废硫酸腐蚀衣物和皮肤，然而却是化工和制药的重要制剂；就连令人谈虎色变的放射性元素，也是军事和电力企业不可缺少的资源。资源在生活的各个角落，关键在于优化配置。以科学的理念和先进的技术，将那些因人类利用过而错位为污染物的一部分资源解救出来，重新处理和利用，还原到其资源的属性，是资源利用和环境保护工作者时时需要研究的课题。

2.3.3 续写人类文明

工业文明短短 300 年，给了人们以幸福和便利，然而大工业经济的形成，伴随着"资源—产品—废弃物"的生产方式，大量的废弃物产生，环境污染严重，生态恶化，资源濒临枯竭，人们正在饱尝过度消费环境与资源带来的恶果。

文明随着人类的产生而产生，并随着社会发展而进步。严酷的现实教育了人类，要对生态环境抱有敬畏之心，尊重自然、保护自然，克服社会进步中的负面效应，积极改善和优化环境，建设严格生态运行机制，才能有光明的前途。只有注重生态环境建设，致力于提高生态环境质量，有效地解决人类经济社会活动的需求同自然生态环境系统供给之间的矛盾，才能实现人与自然协同发展，续写人类文明。

2.3.4 促进可持续发展

国际金融危机爆发后，世界经济虽然在各国大规模刺激政策作用下一度快速回升，但随着刺激政策的退出和作用衰减，复苏动力明显不足。总体看，世界经济仍处在危机后的深度调整期，各国都在大力推进结构性改革，为未来的经济增长积蓄动能，世界经济在短期内仍难以摆脱低速增长状态。中国正处在工业化和城镇化加速发展时期，随着我国市场经济的快速发展，对能源和资源的需求量也不断提升，导致了经济发展与环境保护矛盾日渐突出，这对于国家可持续发展战略的实施有着十分重要的影响。

资源和环境问题已经成为国际社会公认的社会问题，资源再生是经济可持续发展的必由之路。作为人口众多、资源相对不足的国家，虽然在经济上实现了连续快速增长，但是仍然没有摆脱"高投入、高消耗、高排放，不协调、难循环、低效率"的经济增长模式，资源成本快速飙升，人口、资源、环境之间的矛盾日益加剧。因此必须加快转变经济增长方式，努力形成"资源—产品—再生资源—再利用"的循环流程，以实现人与自然、资源与环境、经济与社会的动态平衡，促进生态环境系统与经济系统协调发展。

2.4 资源循环的经济意义

2.4.1 资源环境经济学

资源经济学是以经济学理论为基础，通过经济分析来研究资源的合理配置与最优使用及其与人口、环境协调和可持续发展等资源经济问题的学科。

资源经济学最贴近的基础科学是资源科学和经济科学。资源经济学的基础理论既包括自然科学理论，又包括社会科学理论。

以马歇尔为代表的新古典经济理论认为资源存在着相对稀缺性，因为与人类的需求相比较，物质资源永远都是稀缺的，但又寄希望于"价格之手"去调节。"悲观的"马尔萨斯认为自然资源绝对稀缺。"乐观的"李嘉图则认为自然资源只是相对稀缺。然而无论这些前辈经济学家阐述的理论多么复杂，各有特点，但有一点是有共识的，即都认为自然资源是稀缺的。当人类早期的生产与生活活动尚未超出资源环境的承载能力时，自然资源对当时的人们来说是取之不尽，用之不竭的。然而随着人口的激增，工业文明的进步，人类生产生活所产生的排泄物超出环境容量时，不但自然资源愈发紧张，环境容量也成为一种稀缺的经济资源。资源环境经济学的研究也就显得尤为重要。

资源环境经济学则运用古典和现代经济学分析的基本工具，研究环境与资源的合理利用，是伴随着西方经济学发展而兴起的一种经济学分支，主要研究对象为自然资源。近年来资源的日益枯竭和环境问题的愈加严重，资源、生态和环境问题引起了世界各国政府和机构、环境学家、经济学家和产业界的重视。

2.4.2　经济发展与资源环境

经济发展与资源环境之间的关系是国内外学者关注的热点。1995 年美国经济学家格鲁斯曼提出环境库兹涅茨曲线假说，认为人均国民收入水平与环境污染物质的变动趋势呈倒"U"形关系，即污染程度随国民人均收入先上升，后下降。国内一些学者通过研究中国固废排放量、废水排放量、废气排放量（CO_2 排放量、SO_2 排放量）与人均收入的数据，得出 N 或 J 曲线等，都力图较为准确地反映经济发展对于资源环境的影响，指向资源紧缺和环境污染两个明确目标。因此根据地方经济发展与资源消费、环境污染的具体关系制定相应的政策计划，加快转变经济增长方式，促进经济结构战略性调整，大力发展资源循环，开辟资源新路，注重清洁生产，是后工业发展的重中之重。

经济发展和资源环境是互相联系、互相制约的，它们是一个整体。经济性决定了可持续发展的可能性。在产业规划、实施、运营的各个阶段，应该以可持续发展作为基本的决策观念和决策准则，改变传统单纯性"保本或者获利"观点，加强项目经济承受能力和持续生命力的研究。更要未雨绸缪，对于保护生态环境的能力和所付出的代价作出明确的分析，才能进一步得到是否保本或者获利，甚至是否适合发展的最终答案。

2.4.3 新时期，新思考

无论是马尔萨斯还是李嘉图，恐怕都没有估计到人类社会发展的速度如此之快，原生资源消耗迅速，自然禀赋下降严重。当代中国尤其要注意，对外要面对世界性资源枯竭，全球经济增长放缓，对内还需警惕产业转型和市场开拓风险，新时期更要有基于资源环境的经济新思考。

（1）树立再生与原生资源相融相生观点

要正视原生资源日渐衰竭的事实，树立再生与原生资源相融相生，共同形成社会发展主流物质支撑的思想。要发展就要消耗资源，这是不争的事实。现代工业将自然资源特别是原生资源加工成为产品，无论是应用于社会还是报废成废弃物，都有资源属性或者说资源"密码"在其中。也就是说，原生资源不是枯竭，而是以记录形式进入另外场所，或产品或设施，或工业或日用。我们要做的工作，就是要让废弃物重归资源行列，解码"城市矿产"。

（2）要有资源循环就是能源循环的思想

从原生资源到产品的生产过程中要消耗大量能源，因此，产品上还赋予了能源的记忆和"密码"，虽然由于使用和消耗，有不同程度的能源"折旧"，但都存有不同程度的能源"残值"。高效利用好废弃物，也就是将这些残值重归社会，善莫大焉。

（3）"绿水青山就是金山银山"

习近平总书记指出，我们追求人与自然的和谐、经济与社会的和谐，通俗地讲就是要"两座山"：既要金山银山，又要绿水青山。绿水青山就是金山银山。变废为宝、循环利用是朝阳产业。垃圾是放错位置的资源，把垃圾资源化，化腐朽为神奇，既是科学，也是艺术。科技创新，产业发展，从废弃物中开辟金山银山，是资源循环的经济性诉求，注重生态保护，杜绝二次污染，在科学与艺术般的化废为利过程中保护好绿水青山，是资源循环中的环境体现，两者都是环境资源工作者的历史担当，也是全面科学发展的必然趋势。

（4）提高资源利用率就是创造经济价值

利用率越低，污染越严重，以不断提高资源利用率为主导，向污染要效益，利用率提高了，终端废物减少了，挣钱环保两不误。要科学设置工艺流程，合理安排设备设施，提高工作效率，设计适合国情的处置技术路线，对于降低成本，提高利用率十分重要。

资源循环利用产业涉及黑色金属、有色金属、稀贵金属和塑料化工等多个科技领域，要根据污染防治和清洁生产的要求，将相关学科的先进技术融汇到处理工艺中，按数量、梯次、性质提取有用物质。对于废弃物特别是末端残余物，不要轻言放弃，要变堵为疏、变弃为用，将可用的物质从废弃物中提取出来，再用于社会，就是对于环境保护的重要贡献。

（5）注重经济和环资双重效益

历史的经验告诉我们，当生产力发展到一定阶段时，就会同生产关系产生相应的矛盾。要改变污染严重、高耗能等现象，要从根本上找出解决方法。合理组合生产要素，改革生产关系中不适合生产力的部分，探索新的产业模式势在必行。闭路资源循环体系走出一条经济与环资和谐统一的崭新道路，对于当前国内亟须进行的产业转型升级具有重要推动作用，也为后工业时代世界经济的发展提供了一种新型资源环境理论。

参考文献

［1］周纪昌. 马尔萨斯的自然资源稀缺论［J］. 生态经济，2012(5)：24-27.

［2］大卫·李嘉图. 政治经济学及赋税原理［M］. 周洁，译. 北京：华夏出版社，2009.

［3］汪安佑，雷涯邻，沙景华. 资源环境经济学［M］. 北京：地质出版社，2005.

第 **3** 章

资源循环体系

3.1 产业链

3.1.1 一般概念

从理论上讲，产业链是产业经济学的概念，反映了产业部门之间基于一定的技术经济关联，并依据特定的逻辑关系和时空布局关系客观形成的链条式关联关系形态。一般认为产业链包含价值链、企业链、供需链和空间链四个维度的概念。各维度相互对接，形成了均衡状态。这种状态在技术经济因素作用下，形成了链条式关联关系。

产业链的本质是用于描述一个具有某种内在联系的企业群结构，它是一个相对宏观的概念，存在两维属性：结构属性和价值属性。产业链中大量存在着上下游关系和相互价值的交换，上游环节向下游环节输送产品或服务，下游环节向上游环节反馈信息。

3.1.2 广义与狭义的产业链

产业链的概念有广义和狭义之分。广义的产业链包括满足特定需求或进行特定产品生产（及提供服务）的所有企业集合，涉及相关产业之间的关系；狭义的产业链则重点考虑直接满足特定需求或进行特定产品生产（及提供服务）的企业集合部分，主要关注产业内各环节之间的关系。

图 3-1 示出了集成电路（IC）产业链，内框中标示的是直接满足集成电路产品生产的主要工艺和配套，他们可能是工序，也可能是车间，甚至是相对独立的企业集合，但仍然属于狭义的产业链组合。但其实狭义产业链中的各个环节还是有其后的产业集合作为保障，例如仪器设备要有仪器制造企业

生产，而制造企业的生产又要有元器件和材料作为产业支撑，当然元器件和材料也要有更为基础的产业集合作为支撑。这些产业的集合与狭义产业链共同组成广义产业链。当然在一定意义上，广义产业链也是相对的，不可能包罗万象，要根据特定的需要制定。

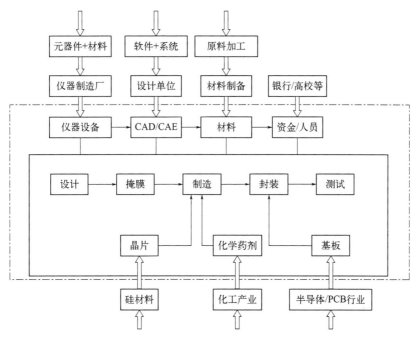

图 3-1　集成电路（IC）产业链

3.1.3　产业链的延伸与扩展

产业链延伸是将已存在的产业链尽可能地向上下游拓展延伸，产业链向上游延伸一般可以进入到基础产业环节和技术研发环节，向下游拓展则进入到市场开发和经营环节，甚至延伸到后续服务环节。例如传统的旅游产业链包括：旅行社—交通—餐饮住宿—景区旅游和休闲娱乐等环节（图 3-2），但随着人们旅游需求的多样性，在旅游者到目的地的空间转移及旅游消费过程中，为其加工、组合并提供旅游产品，以助其完成到达目的地的旅行与游览，此间所形成的以旅游企业为核心的各种产业供需关系也逐渐延伸到探险、婚恋、体育和文化等领域，并不断形成特色旅游分支。

工业领域的产业链同样也可以随市场和社会的需要而延伸，如起初家电产业链基本由产品生产—销售—维修组成，但随着相关产品普及，延伸出主题厨房为代表的厨卫环节或向一体化浴房延伸的卫浴环节等，以及音响室和家庭影院等综合型家电方向，提高了企业经济效益，也方便了广大用户。

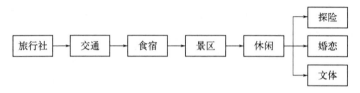

图 3-2 旅游产业链的延伸

产业链的扩展对于经济发展有极大的推动作用，近年来出现的一些产业链的扩展甚至改变了社会分工和生产关系。如互联网产业链扩展到网上购物、网约车、共享单车；煤炭产业链扩展到电力行业和煤化工行业等。通过产业链的不断扩展，行业之间的界限逐渐打开，各领域之间融会贯通，形成以需求和市场为核心的产业链条。

3.2 线性产业结构

我国传统的产业模式，是在 20 世纪 50 年代学习苏联的基础上创立发展起来的，与单一类型或单一产品大批量生产方式相适应，以原生资源为原料，以产品生产为中心，以产供销为经营手段去组织产业结构，使得整个产业经济处于投入多、产出少、消耗高、效益低的粗放型状态，形成生产单一产品的"大而全""小而全"的工业生产体系。如图 3-3 所示。

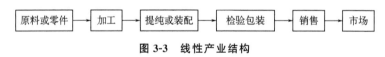

图 3-3 线性产业结构

这种直线型生产组织结构是工业早期的常见生产形式，特点是简单直观、易于管理，但随着工业化的发展，它的弊病逐渐显现，除了少品种、大批量的传统生产管理方式忽视顾客个性化需求，越来越不能适应市场的需求，以及大量库存积压等经济性缺陷，在资源与环保方面产生的问题更为严重：

① 产业结构平行而独立，如分成钢铁、有色、化工等单独领域。互相的有机关系被隔开，不利于资源节约和节能减排。

② 工序重复、衔接不畅、耗能翻倍的现象时有发生。

③ 没有全生命周期的概念，产品销售后将环境污染防治和报废后的处理等严峻的环境保护责任推向社会，全社会的生态环境受到严重影响。

④ 资源不能得到有效循环和综合利用，在原生资源日益贫乏，可持续发展受到资源瓶颈限制的形势下，直线型生产组织结构必须要由资源与清洁生产相结合的系统工程所替代。

3.3 开环与闭环产业模式

3.3.1 开环与闭环

开环与闭环的概念广泛应用于控制理论，是控制方面经常使用的术语。开环控制就是没有反馈系统的控制。比如：开关打开，固定瓦数的灯点亮；举手一枪，子弹射向靶子。亮度合不合适、中靶与否都是不可控的。需要改变亮度就得更换灯泡，一次不中只好再打一枪试试。虽然装灯时也考虑了亮度，打枪时也估计了提前量，但外界环境和风速等因素还是会使结果有所偏差。而闭环控制，一般由人们设定目标，由检测环节或系统实行检测并反馈检测数据，调整被控制系统的状态，以达到跟踪设定的目的。比如空调系统就是一个闭环的控制，温度设定之后，系统会随时将室温测量出来，反馈给系统，使得系统自动运行并调节室温至期望值。从理论上讲，开环控制系统是指控制系统的输出量不对系统的控制产生任何影响，而闭环控制系统是指系统的输出量返回到输入端并对控制过程产生影响的控制系统，区别的关键在于是否存在反馈。

但随着条件的变化，对于开环和闭环的设置也是可以互换的，打一枪不中可以再打一枪，价值数百万的导弹就不能如此掉以轻心，必须加装专门系统，对于距离、风量偏差等因素进行检测，通过闭环反馈完善系统，调节运行状态，以保障命中目标。又如人们为了节能和简化结构的需要，将原来开环控制的普通电机改为闭环控制的调频电机，扩大了应用范围。当然，一些需要低成本，要求不高的场合，采用较为复杂和投入相对较高的闭环系统意义也不是太大。

3.3.2 反馈

反馈也是现代科学技术的基本概念之一。控制理论所说的反馈，是指将系统的输出返回到输入端并以某种方式改变输入，进而影响系统功能的过程，即将输出量通过恰当的检测装置返回到输入端并与输入量进行比较的过程。反馈可分为负反馈和正反馈。前者使输出起到与输入相反的作用，使系统输出与系统目标的误差减小，系统趋于稳定；后者使输出起到与输入相似的作用，反馈信息不是制约控制部分的活动，而是促进与加强控制部分的活动，放大控制作用。但如果控制不当，也会增大系统偏差，使系统振荡。

在其他领域，反馈一词也被赋予了其他的含义，例如传播学中的反馈、无线电中的反馈，以及管理或治理效果的反馈等。

3.3.3　开环的产业模式

显然，线性产业结构是一种开环的模式，资源经过生产环节成为产品，使用过后，未经反馈（回收）直接成为废弃物并推向社会，造成资源递减和环境污染的双重后果，社会发展难以为继（图 3-4）。

图 3-4　开环产业模式

3.3.4　闭环的产业模式

如图 3-5 所示，带有资源反馈的闭环产业模式将社会应用后的退役产品进行有序的回收，通过精细分类、无害化处理加工成为合格的原料，重新用于新一轮产品制造中，如回馈的资源尚有缺口，则由原生资源给予适当的补充，资源的反馈与调节作用在契合点上得到有效的发挥。传统意义的废弃物成为有用的资源，社会实现了可持续发展。

图 3-5　闭环产业模式

3.4　资源循环体系理念

3.4.1　基本理念

全球经济正面临资源和环境的双重压力。原有的生产关系不能适应生产力的发展，传统的开放式、直线型生产模式耗费大量能源，碳排放严重，难以避免污染因素和扩散因子，产业环节松懈，物流低效，要依靠生产要素的新型组合来解决这些问题。资源循环体系（resource cycle system）依据节能减排和清洁生产原则与产品全生命周期理论，将资源综合利用与新产品生产紧密结合，完成"再生资源—回收处理—原料制备—新品生产"的闭路循环系统，从根本上解决污染与生产的矛盾，减少重复熔炼、重复配料、重复加工等多种生产环节，节能减排，极大地降低碳排放，是一种集资源循环和可持续发展于一体的新型生产模式。

3.4.2　一般结构

图 3-6 示出了资源循环体系的一般结构。

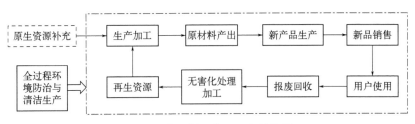

图 3-6　资源循环体系一般结构图

如图 3-6 所示，该体系以生产加工为契合点，将原生资源和再生资源有效地结合起来，提供的原材料用于新产品生产。当新产品销售并使用后，定向的报废回收网络将废弃品回收并无害化处理加工，产生再生资源，回馈到生产加工环节，进入下一个循环。随着社会上产品保有量的提高，再生资源的产量逐渐增加，原生资源从产业初兴时的主导地位逐渐变为补充地位，从而基本实现整个产业循环。

3.5　跨领域生产要素组合

3.5.1　生产要素

劳动者和生产资料之所以是物质资料生产的最基本要素，是因为不论生产的社会形式如何，它们始终是生产不可缺少的要素，前者是生产的人身条件，后者是生产的物质条件。由于生产条件及其结合方式的差异，使社会区分成不同的经济结构和发展阶段。

在社会经济发展的历史过程中，生产要素的内涵日益丰富，不断地有新的生产要素，如现代科学、技术、管理、信息、新型资源等进入生产过程，在现代化大生产中发挥各自的重大作用。生产要素的结构方式也将发生变化，而生产力越发达，这些因素的作用越大。

3.5.2　生产要素的跨领域融合

传统工业形式中，特定的生产要素，如掌握某项技能的人、原材料、技术、机械设备以及通过内部的管理和外部的产供销渠道，形成了特定的产业结构，在国民经济中发挥作用。例如从矿山到金属制品，从原油到化工产品等。但相当长的历史时期，这一特定的结构很少与其他产业结构发生关系，基本上运行在自己的轨道上。我们常说的"本领域"往往是指不同其他产业发生直接的产业和经济交集，而只在宏观市场中通过各自的商品和服务才能相关的不同的产业分支。

然而，原有的产业会随着科技进步而变化，社会发展又会催生许多新的产业分支，其中的一些又迅速从分支中形成新的领域。今天的"跨领域"形成了产业融合，为明天的"新领域"又打下了基础，周而复始，促进经济发展和社会进步。例如，城市垃圾和发电的结合、废塑料和聚酯纤维加工结合，以及互联网与实体经济的结合，都产生了革命性的变化。跨学科跨领域的产业已经层出不穷，因此以系统工程方法分析相关产业，跨出"本领域"，重新设计产业结构，探寻生产要素的相互融合，是可持续发展的重要课题。

3.5.3 生产要素新型组合

生产要素相互融合过程中，促进了资源循环体系的建设，而在建设体系的过程中，就形成了跨领域的创新性生产要素组合，换言之，新的产业形式将会产生。

经济学家熊彼特认为，所谓创新就是要"建立一种新的生产函数"，即"生产要素的重新组合"，就是要把一种从来没有的、关于生产要素和生产条件的"新组合"引进生产体系中去。他认为资本主义的经济发展就是这种不断创新的结果；而这种"新组合"的目的是获得潜在的利润，即最大限度地获取超额利润。

而在后工业时代的今天，"生产要素的重新组合"，已经不仅仅是为了获得潜在或超额的利润，更是从多重因素对产业提出挑战，只有认真分析产业目标、资源和环境形势及投入产出，结合科技发展水平和人才因素，才能将不同的生产要素有机地组合起来。

3.6 资源循环体系的特点

资源循环体系特点总结起来有六个。

3.6.1 基于产品全生命周期理论的要素组合

资源循环体系打破传统工业模式，依据产品全生命周期对生产要素进行了重新组合。产品全生命周期管理是一项新兴的管理技术，涉及产品的规划、设计、生产、经销、运行、使用、维修保养直到回收再用处置的全过程。遵循产品生命轨迹，通过先进的技术和工艺，再选择适当生产要素并科学组合，实现"原料—产品—再生资源—原料"的全产业链运行。

3.6.2　短流程的闭环体系

以全循环、短流程和高效率为特点的闭环体系，科学地消除冗余环节，合理地把流程缩减到最小环节，实现处理和生产流程的最小化，整体流程简洁明了，生产成本降低，企业效益达到最大化。闭路的循环模式还使得产业链能够在特定的区域和环境下运行，有利于生产有序协调进行。

3.6.3　节能减排

合理地开展系统的生产活动，可以最大程度减少重复加工过程。循环产业链的闭环生产流程有效解决各工序间衔接问题，减少能源消耗，实现低碳高效。

3.6.4　与新品生产相结合

资源综合利用与新产品的生产紧密结合，安全高效，使废弃物最大限度地得到利用。发达国家在生产某些工业产品的时候，往往依据标准，按规定添加一定比例的废料，我国也在逐渐制定再生材料进入新品的相关规范标准。

3.6.5　变废为宝

通过循环产业，依靠科技进步和规模化处理利用，让错位的资源归队，变成很好的新资源，提高资源利用率，也有效地减少了终端废弃物的产生量。

环境保护和可持续发展的最高境界是变废为宝，这样既可以保障环境不被污染，又开辟资源新路。在提高资源利用效率的同时，有效减少废弃物对于环境的危害，是实现环境与效益双赢的重要方法。

3.6.6　环境治理

在资源循环体系中，污染因素和扩散因子可以得到有效控制。环境保护最根本的要义是把没用的东西用起来，废弃的东西变成有用的东西，危险的东西变成有益的东西，真正把这个关系抓好，生态环境就自然得到保护。

3.7 创建流程和数学表达

3.7.1 创建流程

图 3-7 示出了资源循环体系创建流程。

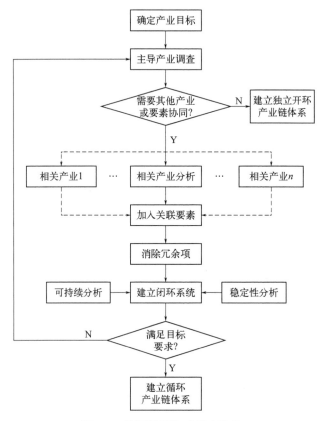

图 3-7 资源循环体系创建流程

首先需要根据工程项目要求确定产业目标。每一个特定项目都在产业规模、产品类型、产能、能源动力、环境保护和经济收益等方面有一定的诉求，要将这些内容用明确的量化指标加以确认，以此提出产业目标。

主导产业的调查对于深入了解所从事的产业或产业中的具体行业很有意义，"闻道有先后，术业有专攻"，对于专业的学习和知晓是进入主导产业的基础。在对于产业基础理论了解之后，通过对国内外技术和管理方法调查分析，不仅了解当前物料回收渠道、常用处理工艺、处理设备运行情况、可再生利用的材料种类及质量、环保存在的问题等内容，还要对产品全生命周期有比较直观的了解，加强产业系统协调能力，深入、全面认识产业环节和过程。

通过主导产业的调查，可以清楚地知道本产业构架、瓶颈与短板，对于产品单一、工艺简单、过程较容易控制的项目，在本产业生产要素可以满足的情况下，即可建立独立开环产业体系，在固定参数和流程下开展运作。而大部分资源循环体系项目往往需要其他产业或者其他产业中某些生产要素的协同，因此要开展对于相关产业或生产要素的分析，遴选出关联要素加入主体流程。

资源循环体系建立的一个特点就是短流程，准确地讲，是有用流程的完善和无用流程的消除。去除冗余环节，以精干、简单且实用的环节组成短流程，通过协调实现高效率的运作。至于某环节是不是冗余，也是相对和辩证的，例如金属的铸锭环节，对于采购原材料异地机械加工或需要长期时效消除应力的情况而言，这个工序就是必要的，而对于可以在同一地区的同一园区开展连轧连铸加工时，就有可能作为冗余项加以简化，从而达到减少物流周转，减少熔炼次数的目的。总之，冗余项的消除要根据产业目标和产品情况具体抉择。

建立闭环产业体系的过程也是对于工程项目各种条件和关系的协调过程，因此在建立时需要对于可持续和稳定性两组因素进行分析确认。前者包括原料（资源）的充足供给、产品的稳定销路、市场的不断开拓和技术装备的及时更新等。而后者则包括政策的连续、经济的可控、资金的融通和人才的保障等，涉及海外的项目还需要有对于国际形势和地缘政治的考量。

产业体系建立后，要全面审视，看看通过这一体系的运行，是否能达到预期的目标要求，如还有未能达到的条款，大多数情况需返回前面环节再行分析，修订或重建体系，以真正达到目标要求。也有很少数情况，检验出原来所设目标与实际情况有出入，或客观上还不能实现，也可以在不影响大方向的前提下，修改部分目标，或将其设为阶段性目标，分步完成。

3.7.2　体系模型的数学表达

当主导产业与其他相关产业协同时，资源循环体系模型表达如式（3-1）所示：

$$\mathbf{RC} = \mathbf{RC}_x + \mathbf{RC}_y + \mathbf{RC}_z + \cdots \tag{3-1}$$

即：

$$\begin{bmatrix} \mathrm{RC}_1 \\ \mathrm{RC}_2 \\ \cdots \\ \mathrm{RC}_m \end{bmatrix} = \begin{bmatrix} \mathrm{RC}_{x1} \\ \mathrm{RC}_{x2} \\ \cdots \\ \mathrm{RC}_{xm} \end{bmatrix} + \begin{bmatrix} \mathrm{RC}_{y1} \\ \mathrm{RC}_{y2} \\ \cdots \\ \mathrm{RC}_{ym} \end{bmatrix} + \begin{bmatrix} \mathrm{RC}_{z1} \\ \mathrm{RC}_{z2} \\ \cdots \\ \mathrm{RC}_{zm} \end{bmatrix} + \cdots \tag{3-2}$$

其中，列向量 $RC = (RC_1，RC_2，\cdots，RC_m)^T$ 表示资源循环体系环节构成；

向量 $RC_x = (RC_{x1}，RC_{x2}，\cdots，RC_{xm})^T$ 表示主导产业环节构成；

向量 $RC_y = (RC_{y1}，RC_{y2}，\cdots，RC_{ym})^T$ 表示第一相关产业环节构成；

向量 $RC_z = (RC_{z1}，RC_{z2}，\cdots，RC_{zm})^T$ 表示第二相关产业环节构成；

以此类推。

当主导产业与其他相关产业中的要素混合协同时，资源循环体系模型表达如式（3-3）所示

$$RC = RC_x \times A \tag{3-3}$$

而

$$A = \begin{bmatrix} A_{11} & A_{12} & \cdots & A_{1n} \\ A_{21} & A_{22} & \cdots & A_{2n} \\ \cdots & \cdots & \cdots & \cdots \\ A_{m1} & A_{m2} & \cdots & A_{mn} \end{bmatrix} \tag{3-4}$$

从式(3-3)和式(3-4)可得：

$$\begin{bmatrix} RC_1 \\ RC_2 \\ \cdots \\ RC_m \end{bmatrix} = \begin{bmatrix} RC_{x1} \\ RC_{x2} \\ \cdots \\ RC_{xm} \end{bmatrix} \times \begin{bmatrix} A_{11} & A_{12} & \cdots & A_{1n} \\ A_{21} & A_{22} & \cdots & A_{2n} \\ \cdots & \cdots & \cdots & \cdots \\ A_{m1} & A_{m2} & \cdots & A_{mn} \end{bmatrix} \tag{3-5}$$

其中，列向量 $RC = (RC_1，RC_2，\cdots，RC_m)^T$ 表示资源循环体系环节构成；

向量 $RC_x = (RC_{x1}，RC_{x2}，\cdots，RC_{xm})^T$ 表示主导产业环节构成；

而矩阵 A 则表示各相关产业中各相关要素的组合。

3.8 科学技术的重要作用

3.8.1 从生产函数看科技进步

20 世纪 30 年代，美国数学家柯布（C. W. Cobb）和经济学家保罗·道格拉斯（Paul H. Douglas）共同提出了分析投入和产出关系的柯布-道格拉斯生产函数，来预测国家和地区的工业系统或大企业的生产和分析发展生产的途径。柯布-道格拉斯生产函数是在生产函数的一般形式上作出的改进，

并引入了技术资源这一因素的经济数学模型，是经济学中使用最广泛的一种生产函数形式，它在数理经济学与经济计量学的研究与应用中都具有重要的地位。

柯布-道格拉斯生产函数可以用公式表述为：

$$Y = A(t) K^\alpha L^\beta \mu \qquad (3-6)$$

式中　Y——工业总产值；

　　$A(t)$——综合技术水平；

　　　K——投入生产中的资本总量；

　　　L——投入生产中的劳动力总数；

　　　α——资本产出的弹性系数；

　　　β——劳动力产出的弹性系数；

　　　μ——随机干扰项，$\mu \leqslant 1$。

从该函数各变量的含义不难看出，决定工业系统总产值的主要影响因素有三类，分别是投入生产中的劳动力总数（L）、投入生产中的资本总量（通常用固定资产 K 表示）、综合技术水平（比如生产管理水平、从业人员素质、引进的先进技术等）。柯布-道格拉斯生产函数与一般形式上的生产函数相比，引入了技术资源这一变量，从而更全面地反映了知识经济时代影响工业生产的因素。

设 $\mu = 1$，分别求导，可以得出技术进步对于经济增长的贡献率，见式（3-7）。

$$\frac{dA(t)}{A(t)} = \frac{dY}{Y} - \alpha \frac{dK}{K} - \beta \frac{dL}{L} \qquad (3-7)$$

式（3-7）表示技术进步因素在工业总产值中扣除资本和劳动力因素（按 α 和 β 比例）之后的贡献。若依国内外惯例 $\alpha = 0.25$，$\beta = 0.75$，并依据《中国经济增长报告（2014～2015）》分析可知，由于结构性减速与人口红利窗口的关闭，2016 年中国劳动力投入增长率为负，而且自 2016～2020 年进一步下降到 -0.4%，资源循环产业为劳动密集型产业，受"中等收入陷阱"和人口红利威胁更甚，此处以 -0.4% 计，而工业总产值增长率取 2017 年预测值 6.5%，投资增长率取 2017 年预测值 5%，代入式（3-6），得到这一贡献率的值为 5.55%，见式（3-8）。

$$\frac{dA(t)}{dt} = 0.065 - 0.25 \times 0.05 + 0.75 \times 0.004 = 0.0555 \qquad (3-8)$$

这一数值表示，当前全球经济下滑，进入新常态，在保证工业总产值增长率 6.5％的情况下，技术进步的增长占了总体增长的 85％左右，比劳动力增加和资本拉动更能有效地促进经济增长，柯布-道格拉斯生产函数在新形势下的分析，启示我们在资源循环体系布局和发展阶段，就要高度重视科技进步与技术创新，不断解放生产力，推动经济稳定可持续发展。

3.8.2 多学科多要素研究

资源循环体系建设是多学科多要素的高科技领域，因此更要以科学发展的眼光和视角，重视相关学科和边缘学科，鼓励多学科的研究、合作和攻关，特别是各学科之间的融合。在学科领域中，不仅需要健全自然科学学科，也要注重人文、政治、经济等学科对于资源循环的促进作用。不同学科和生产要素组合，绝不仅仅是简单的合并与求和，而是各因素有机结合，协同运转而产生的新型生产模式和方法，因此鼓励科研机构、高等院校和企业积极开展全面的资源循环科技攻关和创新是十分必要的。需要从新科技研发、新要素配置、新经济培育等方面加强研究，更好释放科技创新驱动经济发展的潜能。从创新方法上看，需要在传统的单一科技创新的基础上，形成多要素联动、多领域协同，对内可循环、可持续，对外形成强大的资源集聚效应的综合创新生态体系。

3.8.3 处理好科学技术和产业化的关系

科学作为一种知识体系，其成果主要是理论或观念上的收获，技术作为一种工具，其成果主要是发明或实体物质，生产力中的科学是技术化或者是物化了的科学，而生产力中的技术则一定经过由虚到实、由理论到实践、由解释到创造、由抽象到具体、由精神变物质的过程，才能成为实用和先进的技术。从科学原理到技术发明的转化就是科学技术化，这需要一系列的中间环节，也需要经历一些时间。如果具备了这些中间环节并且具有商品化和产业化的条件，科学就能较快地转化为技术并进一步转化为生产力。

经济性是产业化首先要考虑的问题。不同于实验室和小中试阶段，除了技术指标、工艺流程和产品性能需要准确和顺畅，循环产业作为具有鲜明产业化特点的工程实践，对于成本和效率要有明确的要求。确实，如果刨去成本不讲，理论上绝大多数物质都能够通过循环等方法加以变形乃至利用，然而资源循环体系恰恰是要在合理的投入产出比之下完成才有产业意义，通过对直接和间接成本核算，可以清楚地了解到某项循环是否具有价值。

另外，社会与市场性是产业化有无价值的又一衡量标准，循环是为了社会应用，有市场才有生命力，而社会的认可和市场的接受又受到技术发展水平、社会进步能力和更新换代速度的限制。例如，近年来呼声很高的再制造工程，其实是要根据不同产业情况具体分析。由于汽车更新换代的加快，车龄变短，不少报废车辆拆解下来的部件正处于较好磨合状态，因而汽车零部件再制造具有较好的前景。而当产业将再制造的目光投到另外一类综合再生资源——废弃电器电子产品时，却发现由于摩尔定律周期的不断打破，促进电器电子产品迅速更新，许多拆解下来的电器零部件和电子芯片虽然品质不错，完全可以再利用，却由于产品的淘汰失去了市场，而只能进行材料的回收。

同其他产业化建设不同的另一点则是环境性，由于资源循环体系建设所承担的社会责任，大宗废弃物的处理利用也是产业链建设的重要方向。例如矿山尾渣、CRT（阴极射线管）、含铅玻璃、废弃电冰箱聚氨酯粉末和废电器拆解下来的印制电路板等大宗特异性废弃物，含有多种重金属和有害物质，环保压力很大，一旦经不规范地填埋或随意焚烧处理，将造成极为严重的环境污染。但同时其中一些废弃物又具有一定的资源，其品位高，回收意义较大，如果能够有适当的资源化方案，提出清洁生产型工艺，将其加以利用，减少危险废弃物的产出，对于保护生态环境，减少污染意义重大。

3.8.4 产学研协作是促进技术进步的有效方法

产学研协同创新是中国落实创新驱动发展战略、促进科技成果向现实生产力转化的重要支撑，它应该产生整体大于部分，即"1+1+1＞3"的协同效应。传统意义上的产学研合作创新主要是指以企业为技术需求方、高校和科研机构为技术供给方所形成的一种简单线性合作关系。关于这点，有学者认为，中国产学研协同创新对企业技术进步的影响不显著，即企业、高校和科研机构之间的协同互动并没有有效促进企业知识生产，这可能是因为企业、高校和科研机构三者之间在技术创新过程中，无法就共同目标、利益分配等形成有效契约，导致其无法促进企业的技术进步。但著者认为，虽然产学研协同创新在中国仍然处于起步阶段，健全的体制和完善的平台正在建立，一些合作实例也只是初见成效，但仅仅聚焦于简单线性合作关系，而忽略掉产学研协同创新对于行业间整体技术进步作用和对于社会的溢出效应，还是失之偏颇的。

以资源循环为例，作为将一种物质按照一定规律且需要循环有序地转化为另一种物质的科学，首先需要对于不同物质从产生、变化到全生命周期进行分析研究，并且找到最佳转化路径，这需要以科研院所、高等院校为主的科研部门在组分构成、材料机理、转化过程等基础理论方面进行研究，也必然要对本项目与其他学科的技术融合部分进行探索，并通过企业在工艺流程、生产方法等工程实践过程中加以认证，反复协调，最终形成具有先进、适用、经济与高效一体的产业结构。高校和科研机构与企业的合作不仅局限于技术流通领域，还包括生产领域的合作，既包括科技成果的研发和转让，还包括协助企业将技术成果转化为现实生产力，形成符合市场需求的产品。此时，围绕任务开展，已经建立出一个新型的技术体系和产业框架，并带动了其他学科的技术进步，从而产生溢出效应。从某种角度看，这一轮的产学研合作的意义甚至超过了具体项目本身。产学研合作创新网络推动高校和科研机构研究成果向企业溢出，一部分直接转化为企业现实项目的实施，另一部分则与企业共同消化吸收并转化为技术进步的基础，并在适当的时机服务于社会。

因此，协作的重点在于选择经济关系、利益分配和深层合作方面更适应三方面利益的途径和方法，以便形成共赢的局面。首先应该扩大合作内涵，建立产学研的总体协作方式，各方对于研究领域的关注一致，而不仅仅限于具象的某一项目，这样收获就是全方位的，所得到的收益也是远远大于单一项目。另外，授人以鱼，不如授人以渔，从项目的服务扩展到总体方案能力、高素质人才的培养和企业国际化合作等丰富内容，是高校和科研机构面向企业的新角度，对于资源循环和循环产业链这些新型科学领域，尤其具有很好的机会。最后是先期投入的问题，由于产学研协作投入在前，效益在后，且投入带有一定风险，因此长期以来哪一方先期投入一直是个难题。具体到资源循环体系而言，较好的解决方法是项目承担企业和重要设备供应商先期提供部分启动资金，以具体项目实施为背景开展全面合作，而学校和科研院所应在项目攻关、人才培养和技术服务等方面给企业和设备商以明确的承诺和保障。同时各方积极申报国家和地方相关的政策性支持资金，并全额投放到合作当中。合作过程中产生的知识产权和收益，各方依约定分享。

参考文献

[1] 杨敬增，丁涛，韩业斌. 城市矿产资源化与产业链[M]. 北京：化学工业出版社，2017.

[2] 张明龙，张琼妮. 国外环境保护领域的创新进展[M]. 北京：知识产权出版社，2014.

[3] 黄光灿，王珏，马莉莉. 全球价值链视角下中国制造业升级研究——基于全产业链构建[J]. 广东社会科学，2019(1)：54-64.

[4] 唐春荣. 产品全生命周期管理技术初探[C]. 第十一次全国机械维修学术会议，武汉，2007.

[5] 熊彼特. 经济发展理论：对于利润、资本、信贷、利息和经济周期的考察[M]. 何畏，易家祥，等译. 北京：商务印书馆，2009.

[6] 汤耀国，茁文，聂欧，王传真. 顶层设计激活创新要素[J]. 瞭望，2014(35)：29-32.

[7] 张越月. 中国的柯布-道格拉斯生产函数实证研究[J]. 经营管理者，2015(8)：01.

[8] 杨娜娜，刘冠华. 基于柯布-道格拉斯生产函数的我国制造业问题探析[J]. 商，2013(14):248.

[9] 方芳，唐五湘. 重大革命性技术与经济危机的关系研究[J].科技进步与对策，2009(26):135-139.

[10] 卞元超，白俊红，范天宇. 产学研协同创新与企业技术进步的关系[J]. 中国科技论坛，2015(6):38-43.

第**4**章

产业融合与资源循环体系建设

互联网技术和信息产业的发展，促进了产业融合。产业融合是指不同产业或同一产业在不同行业的相互渗透、相互交叉，最终融合为一体，逐步形成新产业的动态发展过程。从本质上讲，"互联网＋"开展的过程就是信息产业和其他产业或行业的融合与发展过程。如何正确认识和把握产业融合机遇，在理论上和方法上建立好循环产业链体系，是从理论到实践，从经济学范畴到产业运行发展，从产业和市场扩展延伸到资源与环境经济发展的社会实践过程。

4.1 产业融合

4.1.1 发展过程

本质上，产业融合（industry convergence），就是产业分工的再组织。而分工理论是经济学研究重要组成部分，把分工问题作为经济学核心的英国古典经济学家亚当·斯密，明确阐述了分工与增进劳动生产力的关系，他指出：凡能采用分工制的工业，一经采用分工制，便相应地增进劳动的生产力。各行各业之所以各自独立，似乎也是由于分工有这种好处。他提出了提高生产力的三条途径：提高劳动者的熟练程度，节约劳动者不同工作之间的转换时间和简化与节约劳动的机械发明。尽管亚当·斯密分工理论有时代的局限性，对于市场供求机制调整分工和同类产品竞争的作用还没有深入讨论，但是他的思想确实对以后许多经济学家研究分工问题有重大影响。

马克思在批判吸收亚当·斯密分工理论基础上，集中研究了分工起源、性质及效率问题。他指出了分工在一定的条件下将趋于收敛，出现分工基础上的结合生产，这实际上就是融合思想的发端。而马歇尔在《经济学原理》中有一段很精彩的论述，展示了他对产业融合的朦胧感知和预见，他说："当分工的精细不断增大时，名义不同的各种行业之间的分界线，有许多正在缩小，而且不难越过"。马克思、马歇尔虽然萌发过产业融合的思想，但他们没有明确提出产业融合的范畴和理论框架。

阿伦·杨格关于分工的 3 个命题，分别是递增报酬的实现依赖于劳动分工演进；市场大小决定分工程度，也由分工程度制约；需求和供给是分工的两个侧面。阿伦·杨格将分工看成累积的自我扩张循环过程，或称之为良性反馈循环过程，认为会带来报酬递增效应，从而推动经济持续进步，这一理论揭示了分工的内生演进机制。而 20 世纪 80 年代兴起的新生古典经济学，则用非线性规划和其他非古典数学规划方法，将古典经济学中关于分工和专业化的精彩经济思想，变成决策和均衡模型，掀起一股用现代分析工具复活古典经济学的思潮。例如新古典经济学家以专业化水平的决策以及均衡分工水平的演进为基础，重新阐述斯密的分工理论，并对技术与经济组织的互动关系及其演进过程进行研究，旨在重新科学地寻找经济增长的微观机制，建立起宏观经济增长的微观模型。

在分工理论基础上，马歇尔产业区理论、克鲁格曼新经济地理学理论、韦伯集聚经济理论、佩鲁增长极理论等产业集群理论相继产生，特别是波特竞争优势理论，从产业集群的诞生、发展和衰亡讨论，为产业集群的形成机制提供了一种解释，阐述了产业集群对于生产效率的提高及对于创新的促进作用，强调了政府政策对于集群的形成、发展模式和发展周期都有重要影响。

产业组织理论也是研究产业融合的基础和前提。作为产业经济学的主流学派，哈佛学派重视产业经济的实践经验，着重研究市场结构。此外，还强调垄断力量与一定的市场结构相联结的重要性，把它作为产业经济分析中的普遍性问题。哈佛大学的梅森和贝恩为产业组织理论的发展做出重要贡献，形成了"市场结构-企业行为-经济成果"（structure-conduct-performance，SCP）分析范式，为早期的产业组织理论研究提供了一套基本的分析框架，使该理论得以沿着一条大体规范的途径发展。芝加哥学派则认为市场结构与市场行为和绩效没有直接关系，强调了技术和进入自由这两个因素决定市场结构，信奉自由市场经济中竞争机制的作用，相信市场力量的自我调节能力，认为市场竞争是市场力量自由发挥作用的过程。而新产业组织理论更加强调了在不完全市场结构条件下厂商的组织、行为和绩效的研究，特别是寡占、垄断和垄断竞争的市场，在理论假定上增加了交易成本和信息的维度。

该理论不仅仅从上述争论中汲取营养，而且运用了大量的新分析工具，注重方法论，运用了大量的现代数学分析工具特别是多变量的分析工具，尤其是将信息经济学和博弈论模型作为分析策略的工具，从而成为以分析企业策略行为为主要内容的产业组织理论。

上述内容都对后续的产业融合研究起到了理论支撑作用。

4.1.2　一般定义

产业融合的讨论近 20 多年一直存在，提法各异。例如从信息通信产业角度有计算机、通信和广播电视的"三网融合论"。从产品服务和产业组织结构角度，则认为是"伴随产品功能的改变，提供该产品的机构或公司组织之间边界的模糊""由数字化激活的服务部门的重构"。从产业创新发展角度，有学者认为，产业融合是指"各相关产业在整体分布格局中保持相对协调性和内在成长性"，以及"不同产业或同一产业内的不同行业之间相互交叉、相互渗透，最终逐步形成新产业的动态发展过程"。综合看，虽然学者对于产业融合定义各有侧重，但本质上，都基于一个共同认识：产业融合是一种从信息业逐渐扩散的全新经济现象，已经广泛影响世界，并必将重塑全球产业的结构形态。

4.1.3　类型

对于产业融合的类型，不同的视角会得到不同的分析结果。首先从技术上区分的学者认为，主要可以分为一种技术取代另一种技术的替代性融合和两种共同使用取得更好效果的互补性融合两种。市场分析学者更侧重供给和需求，提出需求融合和供给融合的观点。产品角度分析者则认为可分为替代型融合、互补型融合、结合型融合三类。相关学者认为，前两种只是让独立的产品进入了同一元件标准束或集合而形成某种替代或互补，并没有消除各自产品的独立性，但结合性融合则是在同一元件标准束或集合之下完全消除原本产品的独立性而融为一体，这才是完全意义上的融合。

日本学者植草益和我国学者厉无畏等认为，从融合程度看，产业融合应有全面融合和部分融合。前者指两个或以上产业全面融合为一个产业，而后者则指两个或以上产业由于技术创新或管制放松而相互进入，产业间会引起替代性竞争，也可能提供差异性服务。

学者胡金星提出从制度视角划分，有微观层次的标准融合与宏观层次的制度融合。标准融合侧重标准的统一，指不同产业系统中的企业主体共尊共享，由企业提出市场选择的相同标准，主要表现在技术和产品设计层面的融合，而宏观层次的制度融合包括产业管制政策和监管机构的融合（图 4-1）。

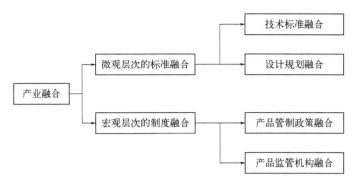

图 4-1　按制度分类的产业融合类型

从产业角度分类，一些学者还提出高技术渗透、产业间延伸、产业内部重组和全新产业取代传统旧产业 4 种融合方式。分别发生在高科技与传统产业、延伸竞争力和附加功能、整合重组和产品替代等方面。

4.1.4　特征

我国学者马健认为，大多数情况下揭示产业融合仅限于信息通信业的产业融合。实际上，产业融合除了发生在信息通信领域，还广泛地存在于其他领域中。而植草益指出，从产业融合的原因来说，产业融合源于技术进步和管制放松，他认为"产业融合的结果是改变了原有产业企业之间的竞争合作关系，从而导致产业界限的模糊化，甚至于重划产业界限"。我国学者郑明高则提出，产业融合本质是产业创新，是发生在产业边界处的动态过程，也是产业间分工的内部化，是信息化与工业化融合的重要依据。

根据以上论述，产业融合较为准确和完整的含义可表述为：由于技术进步和放松管制，发生在产业边界和交叉处的技术融合，改变了原有产业产品的特征和市场需求，使产业的企业之间竞争合作关系发生改变，从而导致产业界限的模糊化甚至重划产业界限的动态变化。其中，信息化与工业化的融合起到了关键作用，未来随着社会的发展也将逐步在各行各业中产生和发展。

4.1.5　典型实例

（1）三网融合

"三网融合"又称"三网合一"，意指电信网络、有线电视网络和计算机网络的相互渗透、互相兼容、并逐步整合成为全世界统一的信息通信网络，其中互联网是其核心部分。

"三网融合"打破了此前广电在内容输送，电信在宽带运营领域各自的垄断，明确了互相进入的准则——在符合条件的情况下，广电企业可经营增值电信业务、比照增值电信业务管理的基础电信业务、基于有线电网络提供的互联网接入业务等；而国有电信企业在有关部门的监管下，可从事除时政类节目之外的广播电视节目生产制作、互联网视听节目信号传输、转播时政类新闻视听节目服务，IPTV传输服务、手机电视分发服务等。

"三网融合"涉及技术融合、业务融合、行业融合、终端融合及网络融合。数字技术的迅速发展和全面采用，使话音、数据和图像信号都通过统一的数字信号编码进行传输和交换，为各种信息的传输、交换、选路和处理奠定了基础。容量巨大且可持续发展的大容量光纤通信技术成为传输介质的最佳选择。宽带技术特别是光通信技术的发展为传送各种业务信息提供了必要的带宽、传输质量和低成本需求。作为当代通信领域的支柱技术，光通信技术正以每10年增长约100倍的速度发展，具有巨大容量的光纤传输是"三网"理想的传送平台和未来信息高速公路的主要物理载体。

软件技术是信息传播网络的神经系统，使得三大网络及其终端都能通过软件变更，最终支持各种用户所需的特性、功能和业务。而通过IP技术在内容与传送介质之间搭起一座桥梁，满足了在多种物理介质与多样的应用需求之间建立简单而统一的映射需求，可以顺利地对多种业务数据、多种软硬件环境、多种通信协议进行集成、综合、统一，对网络资源进行综合调度和管理，使得各种以IP为基础的业务都能在不同的网络上实现互通。光通信技术的发展，为综合传送各种业务信息提供了必要的带宽和高质量的传输，成为"三网"业务的理想平台。

（2）电商与传统行业的融合

接入世界互联网20多年来，中国互联网的发展已经呈现出井喷之势。第40次《中国互联网络发展状况统计报告》显示，截至2017年6月，中国网民规模总数高达7.51亿，规模占全球网民总数的五分之一。新产业、新业态培育不断加快，推动着经济提质增效升级，迈向中高端水平。

新常态要有新动力，互联网在这方面大有作为。当前包括餐饮、外卖、旅游在内的很多传统服务行业，已在互联网融合下开始转型。"高铁、网购、扫码支付、共享单车"——这四个中国大力推广并占据世界领先地位的领域中，有三个都与互联网产业的融合息息相关。第52次《中国互联网络发展状况统计报告》显示，截至2023年6月，我国网民规模达10.79亿人，较2022年12月增长1109万人，互联网普及率达76.4%。其中，2023年上半年，全国网上零售额达7.16万亿元，同比增长13.1%；用户增长最快的三类应用是网约车、在线旅行预订和网络文学。互联网技术以及随之而来的生产、消费、思维模式等变革，正在影响和改变着每一个中国人。可以说，基于互联网技术的新市场、新业态，正在成为中国经济的又一抹亮色，正在成为拉动中国经济增长和带动经济全面转型的强劲引擎。

互联网和实体经济深度融合，为进一步拓展经济发展空间提供了新的可能。近五年来，数字经济的突飞猛进加速了智能制造新模式的推进，以电子商务为核心的数字经济已经成为中国经济增长不可忽视的新动力。从"战略性新兴"到"发展支柱"的角色转化和强化电商服务实体两个维度发展，电子商务正处于从粗放增长到提质升级的阶段，与之配套的相关服务领域重视程度显著提升。

4.2　产业融合在资源循环体系中的作用

4.2.1　产业体系建设需要产业融合

资源循环体系是集资源、物流、处理处置和绿色制造等环节于一体的事业，从"3R"原则的角度来讲，在减量化、再使用、再循环的过程中，需要完善回收体系、物流体系、制造体系、仓储空间、销售渠道等一系列环节，并且需要通过法律法规、行业标准规范和各种先进技术的整合将各环节充分调动起来，这势必需要不同产业的融合与协作。例如有色金属循环产业链就涉及机械、化工、冶炼和电化学等领域，原生矿和"城市矿产"在这些领域组成的产业体系之中有序处理，共熔共生出产品，循环于社会；而垃圾等城市废弃物处理也需要工农业多渠道回收、环卫收运处置、区域协同处置、绿色逆向物流等领域，多产业的融合造就一体化的环境服务模式。从市政环卫，到废气、废水、废弃物的循环利用均已成为一种服务产品，并通过产业融合的形式进入各个领域。

4.2.2　打通产品和废弃物之间的隔阂

既然废弃物是放错位置的资源，那就应该将它放对位置，而这新的位置就在兄弟产业之内。通过多种业态的合作与协调，产业融合可以成功地打通产品和废弃物之间的隔阂。例如在资源循环园区建设相应的闭环产业链，通过各入园企业的不同特性，实现良好的互补配套，上游企业产生的废弃物作为下游企业的原料，不仅消除环境污染，还给上游企业带来效益，一举两得。而下游企业的发展又进一步拓展园区上游资源回收的途径，解决"城市垃圾围城"等环境问题。以产业链模式，可以更好地发展资源综合利用产业，实现资源的高效利用，构成城市可持续发展的"闭路循环"，促进区域经济发展。

4.2.3 促进新型组织形式和市场模式产生

在产业融合过程中，产业的边界变化不容忽视，边界可能收缩或消失，也可能交叉或模糊，企业生产技术、竞争基础也会发生变化，从而使企业的产业环境和市场环境发生变化，企业的组织模式也应进行变革，并应及时调整市场行为，鼓励与促进新型的组织形式产生。

例如废弃电器电子产品处理是随着社会与文化生活的发展而新兴的产业，将废弃的电器电子产品经过无害化处理，对分解出来的物料和零部件进行再利用这样一件事，不同的产业角度就有不同的融合方向。从信息产业界角度来看，这是电器电子产品的"逆向生产"，即整理出当初如何从各种物料和零部件形成电器的正向生产过程，再设计逆向的作业流程将物料和零部件分离分解回来，注重的是逆向；从再生资源界的角度看，是一种产业废弃物回收和加工处理的过程，注重的是废物处理；而从材料产业界看来，各种物料和零部件都是材料组成，注重的是电器电子产品中主要的黑色、有色和稀贵金属的熔炼和提取。不同的主导界别在融合其他产业时，产业角度、市场行为和组织形式都不尽相同，从而各有侧重，各有主攻目标，产生了以一般物料拆解为主的回收型企业，以有色金属为主的回收加冶炼的原料生产企业，以及回收冶炼加稀贵金属提取的全价物料回收利用企业。虽然途径不同，但都针对一件事，由于融合角度不同，规模、市场模式和组织形式均不相同。

4.2.4 互联网融合促进产业发展

互联网对于循环产业链体系的融合，可以加快产业建设步伐，有助于产业化发展。

要充分发挥信息技术在资源循环中的基础性配置作用。应该大力推动"互联网＋"与再生资源规模化回收、综合物流管理、产业共生和再制造，以及新品的全国性营销等方面的深度融合。同时构建公共服务平台，打破信息不对称格局，健全完善再生资源回收体系，规范市场秩序，加速传统再生资源行业的转型升级和健康持续发展。

顺应"互联网＋"发展趋势，着力推动资源再生的经营模式由粗放型向集约型转变。推动组织形式由劳动密集型向劳动、资本和技术密集型并重转变。例如云平台和物流网的介入，可以创新地建立跨地域、跨行业的回收和物流平台，较之传统再生资源回收和物流配送行业都大大节约成本，节省人工，而且效率高，配送准确，反馈及时。

4.3　资源循环体系对于产业融合的几点创新

产业融合理论在不断发展和完善，也改变着很多行业和领域的现状，影响着人们生产和生活方式，但是随着社会进步仍然需要面临很多问题和挑战，在资源循环体系研究和建设过程中，我们也正在对产业融合理论和实践有新的认识，主要创新点体现在以下四个方面。

4.3.1　产业融合在实体工业的实践

产业融合在我国还属于起步阶段，作为一种新的经济现象，也需要与时俱进，在新的社会变化和市场需求下不断发展。由于我国产业融合的实践起源于金融产业和信息网络产业，因此这方面的实证分析较多，而用于产业与工程的实践鲜见报道。但随着实体经济进入"新常态"的形势，供给侧结构性改革，产业升级和提质增效，都需要实体项目的产业融合。后工业时代世界经济的需求，使得充分利用产业融合所得到的比较优势，建立新业态、新产业和新生产关系成为可持续发展的重要环节。通过若干项目的工程实践，进一步阐述以资源循环利用领域为主的实体产业在产业融合、优势互补和产业化运作等方面的理论分析、流程设计和产业链的总体建设，并有望发展完善，并较好地应用于更多实体项目之中。

4.3.2　从物质全生命周期角度进行融合

现有理论中更多的是针对创新、竞争力、市场和业态等方面诠释产业融合的动因，而缺少资源和资源流向对于产业融合的影响分析。这可能是因为经典理论研究时，资源紧缺问题还没有成为主导矛盾，资源还可简单视为产业的原料来源。但随着全球资源枯竭的日益严重，资源问题已经成为产业发展的瓶颈，产业方法、生产环节和产品类型甚至市场走向都不得不以资源问题作为主要因素，因此产业融合也要进入资源经济时代。资源循环体系以物质全生命周期为依据，不但考虑原生资源进入产业链流程成为产品，更是将资源循环利用和循环流动作为产业基础，组成"资源—产品—再生资源"的反馈式流程。在顺应全生命周期的前提下，会同产业融合其他动因，集合相关产业优势，组合成为新型产业体系。

例如报废汽车拆解与利用中，大宗的物料是钢铁，主导产业是机械处理（破碎分选），融合产业是黑色金属冶炼（电炉炼钢），两者融合实现了"钢铁—车体—废钢—钢铁"的闭路循环体系。行业的高产值物料是铜铝，主导产业是精细拆解，融合产业是有色金属冶炼（熔炼炉＋电解）和加工制造行业（如铜铝管、线生产），三者融合实现了"铜铝产品—废料—铜铝原料—铜铝产品"的闭路循环体系。而汽车拆解下来的轮胎，主导产业是机械化加工（胶粉生产），融合产业是轻工行业（轮胎或其他橡胶制品生产），两者融合实现了"橡胶制品—废料—胶粉—橡胶制品"的闭路循环体系。

4.3.3　从产业融合到要素融合

产业在融合过程中又产生新的产业，而新的产业又在市场和需求下进一步融合，对于这些新业态往往很难用传统产业的概念去定义，产业融合也已不是简单的求和或倍增关系，产业实践中，要素融合逐渐成为新的协同趋势。

资源循环体系搭建过程中，有时融合的并非另一产业或行业，而只是相关产业或行业中的某一种或多种生产要素，具体做法是分析本产业体系所要达到的目的，以及为达到本目的拟采用的流程，下面还有更重要的，就是要找出流程中本链所缺少的生产要素，进而借鉴其他产业或行业中的优秀生产要素，补充到本链，形成有机的组合。新的组合在产业运行中相磨合适应，逐渐形成具有自身特色的新产业雏形，并在产业推广中不断成熟。

上海第二工业大学在废弃电路板及含重金属污泥（渣）中高效回收有用金属这一课题研究中，成功采用要素融合，研究出有效的提取方法。他们在本产业破碎分选流程之后，没有采用本产业惯用的冶炼法和化学法，而是融合了生物产业中嗜金属微生物菌种培养这个生产要素，系统地研究了微生物菌种浸取不同性质废弃电路板、含重金属污泥（渣）中金属的浸出规律，培育菌种浸取废弃物中金属，再通过萃取-反萃取-电解工艺，获得高纯度铜等金属，萃取剂还实现了循环使用。在这里，新型生产要素的融合成就了全新的回收工艺和成套设备。

生产要素的组合创新是系统性较强的工作，首先要了解物质流的走向，理顺资源的合理去向，制定方案。其次要学习相关行业专业知识，掌握不同产品的材料组成、功能和使用寿命。之后找出交汇契合点，设计新的要素的组合，从而达到有机合理的资源循环。

4.3.4　产业融合促进多元化经营

产业融合有利于持有互补技术的企业跨界合作，资源共享。也有利于建立新的开发平台，使企业的市场反应能力加强，生产成本显著降低，便于组织生产和销售，有助于将更多类型的产品推向市场，促进企业的多元化经营。由于不少资源循环体系涉及综合资源的循环利用，在产业或生产要素融合过程中，新的产品和多元化经营模式应运而生。例如废 PET 饮料瓶循环产业链中，主要原料是社会上用量大、分布广的废 PET 饮料瓶，但处理后经过不同的产业融合，出厂时分别成为聚酯颗粒（与化工行业融合）、新品塑料瓶（与塑料行业融合）以及聚酯纤维甚至织品（与纺织行业融合）等多种产品，还可根据客户需要生产其他产品，多品种多形态的经营使得企业有更多的经营方向，可以较为从容地应对市场变化带来的冲击。

既然资源循环体系可以从融合中得到更多红利，那么是否被融合的产业或行业就失去了竞争能力呢？答案是否定的。相反这些企业往往在融合过程中更具活力，这主要得益于产业融合带来的产业创新，以及随之带来市场对于新产品的更大需求。为更快地占领市场，提高市场绩效，资源循环体系的建立运行者往往采用合资生产、合作生产和规模营销等战略，这使得产业融合带来资金融合、组织融合与营销融合等，由此获得双赢或多赢。

4.4 产业融合与资源循环体系建设的发展趋势

后工业时代资源环境形势紧迫，循环利用已成必然趋势，经济学理论指导工程实践的需求比历史任何时期都更为迫切。产业融合作为一种从古典经济学得来的理论，在信息化发扬光大的今天，又具有很强的现实意义。本书虽然在一些不同领域和学科的资源循环体系中应用了产业融合的思想和理念并有所归纳总结，但仍然需要对于产业融合理论作深入的研究。

建立循环产业融合体系是研究的首要课题。资源循环体系理论涉及众多学科和领域，产业融合的支撑十分重要，因此必然要引导出一系列新的理念和方法，融合过程中的政策效应、法律约束、共赢模式和合并重组等也都要有适当的体系保证，这需要在理论上认真研究，更要在工程实践中验证并完善。

作为单独的循环产业工程项目，根据既定目标开展产业融合，形成新的生产体系，这终究是个案处理。而在不同地区和行业，循环产业有可能涉及几个或更多的产业方向，项目和企业的集聚也使得产业融合更立体、更多态，也更交叉，例如循环产业园区的规划和建设，本身就是多业态融合的集中体现，因此产业融合本身已经成为系统和社会工程，要有总体安排和顶层设计。

信息产业与其他领域的融合种类繁多，简单的线上与线下已经不能准确地描述产业运行轨迹。当互联网与循环产业融合时，这一特点尤为突出。例如以大数据和多控制点为平台的回收网络，触角伸到企业和消费者，需要与线下物流实体融合，形成规模化再生资源原料来源。然而当这些资源在线下处理时，无时无刻不需要环境和安全的线上监管，原料经过产业链生产出新产品后，线下的营销资源又需要依赖互联网，面向企业和消费者开展大范围的推广销售。新产品一旦售出，信息追溯系统会跟踪产品的生命周期，由此进入下一轮循环。研究多角度线上线下融通，以及电商在产业推进方面的规律，是现代资源循环产业的新课题。

参考文献

[1] 郑明高. 产业融合——产业经济发展的新趋势[M]. 北京：中国经济出版社，2011.

[2] 亚当·斯密. 国富论(上)[M]. 郭大力，王亚南，译. 北京：商务印书馆，1981.

[3] 卡尔·马克思. 资本论：第 1 卷[M]. 中共中央马克思恩格斯列宁斯大林著作编译局，译. 北京：人民出版社，2004.

[4] 马歇尔. 经济学原理(上)[M]. 朱志泰，译. 北京：商务印书馆，1981.

[5] Young Allyn A. Increasing retunes and economic progress[J]. The Ecnomic Journal，1928，38：527-542.

[6] 杨小凯. 经济学：新兴古典与新古典框架[M]. 张定胜，张永生，李利明，译. 北京：社会科学文献出版社，2003.

[7] 范合君. 产业组织理论[M]. 北京：经济管理出版社，2010.

[8] 李美云. 服务业的产业融合与发展[M]. 北京：经济科学出版社，2007.

[9] Austrilian Government National Office for the Information Economy. Convergence report[Z]. 2000.

[10] 厉无畏，王振. 中国产业发展前沿问题[M]. 上海：上海人民出版社，2003.

[11] 张磊. 产业融合与互联网管制[M]. 上海：上海财经大学出版社，2001.

[12] 周振华. 信息化与产业融合[M]. 上海：上海三联书店，上海人民出版社，2003.

[13] 植草益. 产业融合——产业组织的新方向[M]. 日本：岩波书店，2000.

[14] 胡金星. 产业融合的内在机制研究——基于自组织理论的视角[D]. 上海：复旦大学，2007(5)：55-62.

[15] 聂子龙，李浩. 产业融合中的企业战略思考[J]. 软科学，2003(2)：80-83.

[16] 马健. 产业融合理论研究评述[J]. 经济学动态，2012(5)：78-81.

[17] 张承龙，王景伟，白建峰，关杰. 废印刷线路板微生物浸出液中铜的选择性萃取[J]. 金属矿山，2009(10)：158-160.

第 **5** 章

绿色与弹性供应链

经过产业融合与生产要素融合的资源循环体系，应当也必须在各产业环节乃至相交集的企业间建立起绿色与弹性供应链体系，以保证无害化处理、高效应用和清洁生产等产业目标可靠实现。让我们先从物流业入手，分析这种对于循环产业至关重要的资源保障体系。

5.1 现代物流

供应链是将商品生产和流通过程中涉及的上下游企业，包括供应商、生产商、分销商和零售商联结在一起的网状结构。包含了信息流、物流、资金流。其中物流是供应链最基础的重要组成部分。物流的发展和供应链的发展相互影响，互相促进，因此，有必要简要回顾一下物流的历史、现状和经济地位。

5.1.1 传统物流与现代物流

物流业是随着商品生产的出现而产生，又随着商品生产的发展而发展，所以是一种古老传统的经济活动，在人类生产生活资料的贮存和流动中发挥着巨大的作用。出售、购买、运输，在很长时间里被认为是天经地义之事。随着经济发展和科技进步，人们逐步认识到对物品的转移、集合和过程管理进行统一协调和控制管理，对于减少成本和工作时间有重要意义，对于物流集成的需求也越来越强烈。20 世纪初，物流概念在美国产生，并于 20 世纪 70 年代引入我国，逐步成为一门新兴学科。

传统物流指的是物资的存储与运输，主要包括运输、包装、仓储、加工、配送等内容。我国很早就有物流的概念。西汉《礼记·王制》曰："国无九年之蓄曰不足，无六年之蓄曰急，无三年之蓄曰国非其国也。"可见古人对仓储应对意外事故的重要意义认识得已经十分清楚。古人对于运输也十分重视。秦始皇统一六国后的"书同文，车同轨"，对于货币、文字、度量衡的统一起到划时代的意义。其中的"车同轨"等标准化的实行，使得区域运输畅通无阻，对于降低物流成本有很大影响。而从物流角度看"丝绸之路"，其本质上是我国古代以国际物流为基础的重要对外贸易渠道。

但古代的物流和现今所说的物流还是有本质的区别。古代提供的是简单的位移，是被动服务，人工控制，侧重点到点或线到线服务，且环节单一。而如今物流则提供相关增值服务，主动配送，多环节信息管理和全球网络服务。

新中国成立后，在计划经济体制时代，主要是以行政区划建立的各个国营储运企业，适应了当时"少品种、少批次、大批量、长周期"的货物储存和运输需求。而改革开放后中国消费市场的顾客需求已转变为多品种、多批次、小批量、短周期。为了适应顾客需求的重大变化，商流渠道发生了大规模改组，也带来了物流渠道的重组。其结果是在商流领域出现了多级经销制、多级代理制、多级代销制及配送制（配送制度被视为具有商流功能的一种流通形式）；物流领域则出现了物流中心、配送中心等，为客户提供专门的物流配送服务。传统的储运企业所提供的简单储存、运输、包装等服务在物流渠道重组中逐步被集成化、系统化与增值化的现代化物流服务所取代，新兴的非国有（包括外资）物流企业大量涌现，对传统的储运企业提出了挑战，以期占有更多的国内物流市场。

现代物流业指的是以现代信息技术为基础，整合运输包装、装卸搬运、发货仓储、流通加工、物料配送及信息处理等各种功能而形成的综合物流活动模式。而且，不但有销售物流，也包括采购物流和企业内部物流。现代物流通过对物流信息的科学管理，加快了物流速度，提高了准确率，减少库存占有并且降低成本。

围绕现代物流，国内外有不少代表性论点。如美国业界认为，"以满足顾客需求为目的，对于原材料、半成品、成品以及与此相关的信息由产出地到消费地的有效且成本效果最佳的流动与保管进行计划、执行与控制"是现代物流的定义。

日本物流协会则认为，现代物流是"对原材料、半成品和成品有效流动进行规划、实施和管理的思路"，并协调供应、生产和销售各部门的利益，以最终满足顾客的需求。

欧洲物流协会则指出，现代物流是"在一个系统内对于人员或商品的运输、安排以及与此相关的支持活动的计划、执行与控制，以达到特定的目的"的行为。

而我国学者则认为，现代物流是根据客户的需求，以最为经济的费用，将物流从供给地向需求地转移的过程，包括运输、贮存、加工、包装、装卸、配送和信息处理等活动。

尽管观点各不相同，但都非常强调客户的满意度和效率。可见，现代物流要从客户的角度出发，实行全过程计划、控制和组织，并且一定要以满足客户的需要和实现自身利润为目的。借助现代信息技术实现的流动过程，更可以提高效率，达到共赢。

我们已知的传统物流则是从制造商经储运企业到批发零售企业再到消费者这样一个流程。因此现代物流同传统物流相比，突出特征表现为：物流反应快速化、物流功能集成化、物流服务系列化、物流作业规范化、物流目标系统化、物流经营市场化、物流手段现代化和物流组织网络化。衡量现阶段的物流发展水平，上述"八化"是一个基本的评价指标。面对顾客需求变化、流通渠道重组特别是世界经济下滑带来的挑战，加快传统物流向现代物流转型速度，推动物流产业新一轮革新，实现新型物流产业的形成，已成为目前一项十分迫切的任务。

5.1.2　现代物流对经济的促进作用

随着新型工业化进程的加快和产业结构的调整，现代物流业已成为国民经济的产业支柱，对提高综合国力起到越来越重要的作用。物流业的快速、稳定、健康、持续发展，需要依靠物资生产部门、交通运输部门、能源制造业、运输设备制造业以及金融行业等众多部门和行业来支持。反过来，迅速发展的物流产业对于高速增长的经济起到了促进作用。

首先，现代物流业的发展对降低商品成本，特别是流通成本起到重要作用。传统经济学和现代商业学认为，深刻分析商品成本和价格的构成因素，认识流通成本对商品整体成本产生的重大影响，对于节约传统产业几近50%的流通成本起到举足轻重的作用。

当今社会，产品生产成本已得到极大地控制与压缩，企业家们不得不开始寻找更加有效的方法来增强企业的产品竞争力。减少周转，整合运作物流资源，共享物流信息，加强物流途径的内控，是企业提升产品市场竞争力的有效手段。

其次，与现代物流业相关联的加工、IT（信息技术）、机械、商贸、金融、保险等诸多行业，都需要高水平的物流运作支持，以便有效地节约和配置社会资源，实现整个社会经济资源和物流资源的合理开发和利用，以最小资源消耗和成本代价，获取区域经济效益的最大化。现代物流业发展中的商业定位，要以市场经济规律为前提和指导，而不是仅仅考虑地区招商引资数量和 GDP 的增长，逆市场经济规律而行。例如，在远离港口的区域开展进口原矿石冶炼的项目，或是在交通不发达地区建立大型工业设备（如风力发电、燃气轮机等）生产基地，无谓地提高物流难度和增加成本，成为叫好不叫座的形象工程。

最后，网络化促进了现代物流业的发展，以电子身份认证、电子支付和电子数据交换为基础的信息系统，对于加强物流信息规范化管理、建设物流公共信息平台，实现货运物流网、加工贸易网、商贸流通网互联互通等都起到重要作用，大力发展电子商务，实现物流经营网络化，也是引导物流业走向现代化的有效抓手。

总之，物流与人们的生活息息相关，现代物流业是基于知识、科技、综合服务的产业，构成地区的基础产业和投资环境，它不仅是企业经济效益的实现终端，更是城市、地区乃至国家核心竞争力之一。

5.2 供应链

5.2.1 概念

供应链（supply chain）是指商品到达消费者手中之前各相关者的连接或业务的衔接，是围绕核心企业，通过对信息流、物流、资金流的控制，从采购原材料开始，制成中间产品以及最终产品，最后由销售网络把产品送到消费者手中，供应链由供应商、制造商、分销商、零售商，直到最终用户连成一个整体的功能性网链结构。

供应链管理的经营理念是从消费者的角度，通过企业间的协作，谋求供应链整体最佳化。成功的供应链管理能够协调并整合供应链中所有的活动，最终成为无缝连接的一体化过程。

供应链的概念是从扩大生产（extended production）概念发展而来的，它将企业的生产活动进行了前伸和后延。将供应商的活动视为生产活动的有机组成部分而加以控制和协调。作为执行采购原材料，将它们转换为中间产品和成品，并且将成品销售到用户的功能网链，可以通过增值过程和分销渠道控制从供应商到用户的流动，它开始于供应的起点，结束于消费的终点，通过计划、获得、存储、分销、服务等这样一些活动而在顾客和供应商之间形成一种衔接，从而使企业能满足内外部顾客的需求。

供应链的结构如图 5-1 所示。

供应链管理（supply chain management）是一种全局、系统的集成管理思想和方法，它执行从供应商到最终用户的物流计划和控制等职能。具体

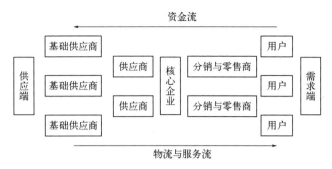

图 5-1 供应链结构

而言，它基于信息技术和先进管理经验，立足跨组织的协同运作和共赢理念。完整的供应链应该包括供应商（原材料供应商或零配件供应商）、制造商（加工厂或装配厂）、分销商（代理商或批发商）、零售商（卖场、百货商店、超市、专卖店、便利店和杂货店）以及消费者。从单一的企业角度来看，是指企业通过改善上、下游供应链关系，整合和优化供应链中的信息流、物流、资金流，以获得企业的竞争优势。

供应链管理涉及需求、计划、物流、供应和回流等领域。生产计划的同步与集成化，先进技术的支撑作用，以制造过程为主的物流流向和市场与社会的需求，以及以废弃产品处理与再利用、再制造为主要产业流程的逆向物流，这些内容集成构成了管理体系的核心。

供应链管理的目标则在于将用户所需产品或服务在正确时间，以正确数量和良好的质量送达正确地点，并使其成本最小，且达到压缩库存、缩短前置时间和有利资金流动的效果。

5.2.2 绿色供应链

随着我国经济结构调整的深入，对企业节能减排的要求更加严格，企业只有通过强化环境保护的自我约束机制，来降低产品和生产过程相关的环境污染所带来的生产经营风险。绿色供应链管理能使整个供应链的资源消耗和环境副作用最小，并能有效满足日益增长的绿色消费需求，从而提高供应链的竞争力。

（1）绿色物流

所谓绿色物流（green logistics）就是以降低环境的污染、减少资源消耗为目的，利用先进物流技术规划和实施运输、仓储、装卸搬运、流通加工、配送和包装等物流活动。作为对环境负责任的一种系统，既包括正向实施物流过程的绿色化，也包括废弃物回收与处置的逆向物流绿色化。

（2）逆向物流

在资源重新利用的过程中产生的从消费者到生产商的新型物流关系即为逆向物流（reverse logistics）。废旧物品经过回收、无害化处理后再利用，达到资源再生、物料增值、节能减排和节约成本等目标，成为建设资源节约型和环境友好型社会的有力保证。越来越多的企业组织承担了原料和产品的价值重建活动，再生资源综合利用已经成为潮流。图 5-2 为我国废弃电器电子产品逆向物流模式。

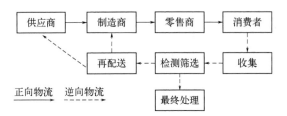

图 5-2　废弃电器电子产品逆向物流模式
（引自环卫科技网）

逆向物流原意是指商家客户委托第三方物流公司将交寄物品从用户指定所在地送达商家客户所在地的过程。逆向物流过程由商家客户推动，物流费用采取商家客户与第三方物流公司统一集中结算的方式，其表现是多样化的，既包含来自客户手中的产品及其包装品、零部件、物料等物资的流动，也包含大量废弃或退役的产品。简而言之，逆向物流就是从客户手中回收用过的、过时的或者损坏的产品和包装开始，直至最终处理环节的过程，是整个产品生命周期中对产品和物资完整、有效和高效利用过程的协调。

但近年来，对于逆向物流的定义有进一步的理解，价值体系的重要性日益彰显，通过回收、检测、分类、再利用乃至再制造，重新获得废弃产品或有缺陷产品的使用价值，可以使这些资源发挥更重要的作用。同正向物流一样，逆向物流中也伴随了资金流、信息流以及物质流的流动。图 5-3 为废弃电器电子产品逆向物流中的物质流示意图。

（3）绿色供应链管理与系统构建

绿色供应链管理是一种在整个供应链中综合考虑环境影响和资源效率的现代管理模式，它以绿色制造理论和供应链管理技术为基础，涉及供应商、生产商、销售商和用户，其目的是使得产品从物料获取、加工、包装、仓储、运输、使用到报废处理的整个过程中，对环境的副作用最小，资源效率最高。

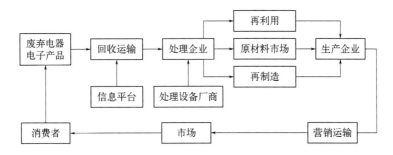

图 5-3　废弃电器电子产品逆向物流中物质流示意图

绿色供应链管理具有如下特征：

① 充分考虑环境因素。传统的供应链管理强调在正确的时间和地点，以正确的方式将产品送达顾客，但它仅仅局限于供应链内部资源的充分利用，没有充分考虑在供应过程中所选择的方案会对周围环境和人员产生何种影响、是否合理利用资源、是否节约能源、废弃物和排放物如何处理与回收、环境影响是否作出评价等，而这些正是绿色供应链管理所具备的新功能。

② 现代网络技术数据共享原则。利用网络完成产品设计、制造，寻找合适的产品生产合作伙伴，以实现企业间的资源共享和优化组合利用，减少加工环节，节约资源和消化全社会的产品库存；通过电子商务搜寻产品的市场供求信息，减少销售渠道；通过网络技术进行集中资源配送，减少运输对环境的影响。绿色供应链管理的信息数据流动是双向互动的，并通过网络来支撑。

③ 闭环运作。倡导绿色物流，在生产过程中产生的废品、废料和其他产业废物均需回收处理。经处理后可重新销售、并可回到制造厂作为原材料使用。

④ 全局工程思想。研究要面向产品的全生命周期。在设计一开始，就充分考虑下游有可能涉及的影响因素，并考虑材料的回收与再利用，尽量避免在某一设计阶段完成后才意识到因工艺、制造等因素的制约造成该阶段甚至整个设计方案的更改。

⑤ 绿色设计原则。设计阶段要充分考虑产品对生态和环境的影响，从零件设计的标准化、模块化、可拆卸和可回收设计各方面下功夫，使设计结果在整个生命周期内资源利用、能量消耗和环境污染最小。

其他还有绿色材料采购应用、绿色供应商遴选、绿色工艺、绿色物流、绿色包装和绿色评价体系等环节。

要使绿色供应链良性发展和有序管理，系统构建是必要的工作。《财政

部　工业和信息化部关于组织开展绿色制造系统集成工作的通知》（财建〔2016〕797号）指出，"支持企业与供应商、物流商、销售商、终端用户等组成联合体，围绕采购、生产、销售、物流、使用等重点环节，制定一批绿色供应链标准，应用模块化、集成化、智能化的绿色产品和装备，联合企业共同应用全生命周期资源环境数据收集、分析及评价系统，建设上下游企业间信息共享、传递及披露平台等，形成典型行业绿色供应链管理模式和实施路径"。

图5-4示出绿色供应链管理包括从产品设计到最终回收的全过程。

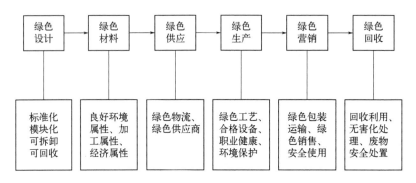

图 5-4　绿色供应链管理体系

5.2.3　弹性供应链

弹性供应链（elastic supply system）是指供应链在部分失效时，仍能保持连续供应且快速恢复到正常供应状态的能力。供应链管理的目标通常是实现供应链的高效益和高效率，以保持竞争优势，然而片面地追求效益和效率，将使供应链变得越来越脆弱，因此还必须有效构建弹性供应链以降低供应链风险。具有弹性的供应链可以调整结构或运营流程，对于环境的变化作出反应，甚至即使供应商发生失效或突然失去供应，弹性良好的供应网络也能快速找到新的供应商，而不会发生供应的中断。

"问渠那得清如许？为有源头活水来。"（宋·朱熹）"无资源，不再生"是业界不成文的规律，当我们设计了资源循环的方向、类型和产业路径之后，这源头能不能源源不断地供给，就成为需要严肃认真对待的事项。

再生资源的可持续供给，需要弹性供应链体系的建立。有效地回收利用"城市矿产"，采用高科技无害化手段将其中所蕴藏的资源提取加工后生产新原料，使得原料供给更充分，也更多样化。有效地提高供应链的灵活应变和协同能力，就可以进一步增强供应链的柔性和弹性。

打开资源宝库的密码，需要构建绿色回收体系，通过线上平台收集数据、反馈信息，实现生产企业、回收企业、物流商、处理企业的双向沟通渠道，有力推动"城市矿产"从回收、仓储运输、拆解处理、物料资源利用、精细加工提取、产品再利用的闭合回收环路建设。

弹性供应链虽然提供了系列的再生原料，然而不同原料的性能和组分不同，给加工和生产阶段增加了难度。这就要求研究物料的全生命周期，遵循原料到产品的物质生命轨迹，打破传统粗放的原料供给模式，在供应链和产业链之间无缝对接，深度融合，在供应链前端即开展预处理工序，依据不同价值采用不同物流形式，能现场处理的就地解决，"靠专业求发展，向分类要效益"。

例如，有色原料弹性供应链体系的建立，一直是产业发展中的重要课题。近年来，我国不少有色矿产都面临资源枯竭问题，现有矿山的矿石品质不断下降，金属含量低于 10% 的矿石屡见不鲜。为了得到比较好的原料，不少企业走出国门，从非洲、南美和中亚等地区买矿，以解决资源不足的现状。虽也取得一些积极的进展，但总体看成本还是比较高，运输不便，资源原料保障能力仍显不足。资源问题已经成为限制我国有色企业发展的根本性问题。需要积极寻求产业转型升级方法，走绿色、低碳、循环发展道路，防范原料断供风险，突破发展瓶颈，最终实现产业可持续发展。图 5-5 为全系列铜金属绿色弹性供应链体系。

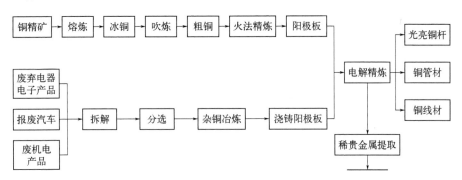

图 5-5 全系列铜金属绿色弹性供应链体系

5.2.4 生产者责任延伸制

1988 年瑞典经济学家托马斯给瑞典环境署提交的一份报告中首次提出了生产者责任延伸的明确概念。托马斯教授指出：生产者责任延伸是一项制度原则，主要通过将生产者的责任延伸到产品的生命周期的各个环节，特别是产品消费后阶段的回收、再循环和最终处理处置，以促进产品整个生命周期过程的环境保护。之后，这项制度引起各国和国际组织的高度重视，并且都试图对生产者责任延伸制度做更合理的界定。

生产者责任延伸制（extended product responsibility，EPR）的目标是鼓励生产商通过产品设计和工艺技术的更改，在产品生命周期的每个阶段（即生产、使用和使用寿命终结后），努力防止污染的产生，并减少资源的使用。生产者必须承担其产品对环境所造成的全部影响的责任，这包括了在材料选择和生产流程时所产生的上游影响，以及在产品使用和处理过程中的下游影响。

我国政府十分重视生产者责任延伸制的实施，2016年底，国务院办公厅印发《生产者责任延伸制度推行方案》（以下简称《方案》）。

《方案》指出，实施生产者责任延伸制度，把生产者对其产品承担的资源环境责任从生产环节延伸到产品设计、流通消费、回收利用、废物处置等全生命周期，是加快生态文明建设和绿色循环低碳发展的内在要求，对推进供给侧结构性改革和制造业转型升级具有积极意义。

按照《方案》要求，到2025年，生产者责任延伸制度相关法律法规基本完善，产品生态设计普遍推行，重点产品的再生原料使用比例达到20％，废弃产品规范回收与循环利用率平均达到50％。

《方案》将生产者责任延伸的范围界定为开展生态设计、使用再生原料、规范回收利用和加强信息公开四个方面，率先对电器电子、汽车、铅蓄电池和包装物等产品实施生产者责任延伸制度，并明确了各类产品的工作重点。一是电器电子产品，要在坚持现有处理基金制度的基础上，制定生产者责任延伸制度的评价标准，支持生产企业建立废弃产品的新型回收体系，发挥基金的激励约束作用；二是汽车产品，制定生产者责任延伸政策指引，鼓励生产企业利用售后服务网络与符合条件的拆解企业、再制造企业合作建立逆向回收利用体系，建立电动汽车动力电池回收利用体系；三是对铅酸蓄电池、饮料纸基复合包装等产业集中度较高、循环利用产业链比较完整的特定品种，在国家层面制定、分解落实回收利用目标，建立完善统计、核查、评价、监督和目标调节等制度，支持生产企业、回收企业和再生企业建立基于市场化的回收利用联盟。

《方案》强调，要完善保障措施，建立电器电子、汽车、铅酸蓄电池和包装物4类产品骨干生产企业履行生产者责任延伸情况的报告和公示制度，引入第三方机构对企业履责情况进行评价核证，对严重失信企业实施跨部门联合惩戒。要进一步完善法律法规、加大政策支持力度、严格执法监管、积极示范引导，保障生产者责任延伸制度顺利推行。

5.3　资源循环体系对绿色弹性供应链的促进和发展

资源循环体系是宏观经济管理的理论，隶属产业经济学范畴，企业是构筑产业体系的载体。也就是说，产业链条的构筑依赖于企业自身和不同企业之间在经营上的有序连接，这就同供应链有必然的交集。供应链的连接往往是产业链生成的基础，而产业链条正是多重供应链条的复合体。资源循环体系立足于资源循环利用和清洁生产，也将极大地促进绿色弹性供应链的发展。

5.3.1　与大资源战略相连接

单一供应链系统往往是针对某一类产品的产供销而设置，各环节衔接比较具象，而循环产业链立足开辟资源新路，因此在设计伊始，就要着眼于大资源战略，分析地区资源现状和产业所具有的比较优势，做好资源和环境统一的顶层设计。某一循环产业链的构成，往往在该地域形成重要资源的战略聚集，进而改变当地经济和社会形态。

例如中部地区有色金属基地较多，各地开展"城市矿产"示范基地建设以来，拆解的废弃电器电子产品中有色金属物料丰富，因此将中部这些基地作为有色资源循环的集散地，同原有产能相结合，再造新型城市矿山。而南方某省的汽车零部件再利用发展迅速，已经形成天然的集散地，如果将以再利用再制造引领的汽车循环产业链建设在那里，对于该产业在当地的兴旺发展大有裨益。

5.3.2　减容限量，优化运输

运输物流是企业生产的重要投入，资源循环利用企业由于物料种类较多，销售价格受到原生资源多年形成的"天花板"价格因素影响，因此减少运输作业，降低物流成本就成为必要的工作内容。例如报废汽车产生的物料中约70%是钢铁，而其中以车壳为主的轻薄类废钢又占了较大份额，对于这些无规则、占据体积颇大的物料，一定要减容运输，才能做到高效低耗。因此根据与下游钢铁企业的距离远近，以及运输方式的不同，需要认真核算投资，购置大功率的碎钢机或是液压打包机，将这些轻薄类废钢或是处理成适宜入炉的小尺寸屑钢，或是打包成规格尺寸送钢厂后再处理。

限量运输亦即差异化运输，将循环产业链所生产的不同物料进行价值分析，精细分类以区分低值、中值和高值物品，优化运输结构。低值物品如废纸、废木材等采用能源转化等形式消化掉，尽量不运输；中值物品如橡胶和塑料等就近寻找下游用户，尽量少运输；而有色和含稀贵金属废料等高值物料采取压实减容，规范装车，尽量满载运输。

5.3.3 缩减产业环节，减少内外物流成本

资源循环体系的最大优势是以物质全生命周期为引导，巧妙地将不同行业、不同领域的各生产环节结合在一起，对内部以紧凑的工艺衔接缩短工序流转过程，减少甚至消除流转所需的临时库存，对外部则防止跨地域运输中间产品，消除冗余物流，大大改善供应链。

例如资源循环中的废塑料、废纸和玻璃等物料质量轻，体积大，储存困难，物流成本很高。处理企业直接销售利润空间很小，显然不划算。如果将这些物料看作是生产程序中的中间材料，延伸产业链，直接在后续工序中生产新的塑料制品、再生纸和微晶建材，库存没有了，消除中间产品跨地域运输，显著降低成本，产业效果完全不一样。

5.3.4 资源循环多样化，促进立体供应链

电器电子产品是由数百个零部件组成，而汽车则是国家工业集中的象征，几乎囊括了所有工业材料，当这些产品退役后需处理时，某种意义上其实是产品生产的逆过程，资源循环则一定也是立体和多样化的。例如报废汽车的循环产业可以形象地比喻为章鱼，每一条"腿"都是一个完整的产业结构，除了可以组成大家熟知的钢铁、有色、橡塑和再利用再制造等常规产业链，一些小众物料如玻璃、纤维、油液（脂）也可以组成各有特色的产业体系，从而为社会提供了多元化的供应渠道。

5.3.5 EPR 理念构筑绿色弹性供应体系

随着生产者责任延伸制度相关法律法规不断健全，绿色处理和无害化处置会从试点产业向更多行业推广，再生原料使用比例逐步增加，废弃产品规范回收与循环利用率将进一步提高，更多的资源循环体系前延至系统化、信息化回收，后延至绿色产品制造，使得国民经济的绿色供应体系更为完整和健全。例如废弃电器电子产品处理就彰显了 EPR 理念引导，即通过资源循环体系，推进绿色弹性供应体系建立。最初这个新生的行业只有 4 家试点企业，每家企业的年拆解能力也不过仅有数十万台，但现在已发展到 100 多家资质企业，"四机一脑"（即电视机、电冰箱、空调器、洗衣机和电脑）年处理能力超过 1.5 亿台。以 2022 年为例，全行业共拆解处理四机一脑约 8422 万台。提供的资源：铁及其合金 56 万吨；铜及其合金 2.5 万吨；铝及其合金 1.9 万吨；塑料 47.9 万吨；压缩机与电动机 34.6 万吨；玻璃（CRT）42

万吨；保温层材料 15.4 万吨。资源循环产业建立了重要的绿色供应渠道。以生产者责任延伸为主旨的废家电处理管理制度设计相对科学与规范，我国用了不到 8 年的时间完成了发达国家近 20 年的电子废弃物管理历程，实现了废弃电器电子产品处理行业从无到大的"弯道超车"。

5.3.6　标本兼治，成就绿色物流

如今在世界范围内，"改善"的概念已经被越来越多的人和组织所接受，全球化竞争越来越激烈，信息技术不断发展，导致了更多的挑战和压力，越来越多企业把利用改善原则所取得的结果视为一个潜在解决问题的方案。

改善的重要目标之一就是改善生态环境，不断消除冗余、浪费，节能降耗。而实现绿色的最终目标是消除污染，还一个清清朗朗的世界。被动的治理是针对产生废弃物的行动，治标不治本，不断产生不断治理，生产越发达，废弃物产生越多，直至容量超标，再压减经济规模。循环产业链的闭环结构和紧凑的生产环节却十分适合集约式环保设施的建立和运行，采用提高利用率和减少废弃物的辩证方法，从根本上达到了环境的标本兼治，产业链内部最大限度消减终端废弃物，产业链外部则减少冗余物流，输送有用的终端物料。

参考文献

[1] 生态环境部宣传教育中心. 绿色发展新理念绿色供应链[M]. 北京：人民日报出版社，2020.

[2] 王倩. 循环经济与发展绿色物流研究[M]. 北京：中国物资出版社，2011.

[3] 方磊，夏雨. 物流与供应链管理[M]. 北京：清华大学出版社，2016.

[4] Coimbra Euclides A. 物流与供应链改善[M]. 郑玉彬，宋殿辉，等译. 北京：机械工业出版社，2016.

第**6**章
环境保护与化废为利

6.1 生态环境的保障

6.1.1 放错的资源重新归位

循环利用，循环为纲，利用是本。

循环利用说到底是一种经济活动，是以物质资源的循环使用为特征，要求经济活动最大限度地利用进入系统的物质和能量，把经济活动对自然环境的影响降低到尽可能小的程度。因此以循环事业之纲，高效利用为本，将发展经济和保护环境原来相互对立的"双刃剑"现象改变为左右逢源的"方天戟"。也就是说，从矛盾的两个方面引导为集中的合力，将放错了位置的宝贵资源重新归位，变为对于人类有益的东西。

6.1.2 向污染要效益

记得几年前在考察华南一个企业时，公司负责人很感慨地说："烟囱冒出的不光是污染，也是企业的效益。……我们就是要把好烟囱，不能让好东西冒走！"这其实是阐明环境和效益的辩证关系。污染严重，环境受损，企业吃亏。明白了这个道理，以吃干榨净污染物为目标，向污染要效益。一旦树立积极的思想，工作主动性将大大提高。

6.2 再生资源的新定位

6.2.1 国民经济持续增长的重要保障

资源是经济发展的血脉。走新型工业化、信息化、城镇化和农业现代化之路，离不开对能源的需要。而将矿产资源、工业"三废"、农业废弃物等进行节约和综合利用，节而不费、废而不弃，让有效的资源发挥最大效益，为工农业发展提供源源不断的物质资源，是支撑我国经济发展的重要保障。

作为机电产品生产基地，我国需要持续的资源支撑。自改革开放以来，我国真正步入实现四个现代化的快车道。通过对大量物产资源的利用，我国在能源、冶金、化工、建材、机械设备、电子通信设备制造和交通运输设备制造及各种消费品等工业主要领域形成了庞大的生产能力。图 6-1 为 2015～2021 年全国制造业出口货值统计图，平稳上升，势头强劲。虽然后面一些年份呈现负增长态势，但是数量仍然很大。

工业产品大量出口，工业的国际竞争力明显增强。中国已成为名副其实的全球制造业工厂或生产基地。同时新型城镇化和农业现代化也对物质资源提出了持续的需求。因此循环产业的使命更为重要，已经从对于国民经济的补充作用上升到国家资源的重要组成部分。

图 6-1　2015～2021 年全国制造业出口货值统计图

6.2.2　对工业经济的稳定作用

再生资源几乎覆盖了商品和资源在生产和生活环节流通的全过程。资源综合利用除了对低品位矿产、共伴生矿产具有增效利用的作用外，更重要的是拓展资源渠道，将传统的获取物质资源的方式特别是矿产资源的方式，由勘探天然矿山拓展到城市矿山，将蕴藏于"城市矿产"中的重要物料利用起来，作为国民经济所需资源的重要补充。2021 年 7 月国家发展改革委印发的《"十四五"循环经济发展规划》中强调了资源循环和高效利用，提出到2025 年基本建立资源循环型产业体系，对农作物秸秆、大宗固废、建筑垃圾、废纸、废钢、有色金属的利用率或使用量作出规划，资源循环利用产业产值达到 5 万亿元。完善的标准规范正在逐步形成，产业发展关键核心技术取得新的突破,资源循环产业也在进一步壮大。以再生资源作为综合利用体系的重要组成部分,将为国民经济持续增长,特别是工业的稳定发展提供支撑和保障作用。

6.2.3 农业废物资源化应用

数量庞大的农业废弃物同样可以为新农村建设和农业环境保护作出重要贡献。据估算,全国每年产生畜禽粪污38亿吨,综合利用率不到60%;每年生猪病死淘汰量约6000万头,集中的专业无害化处理比例不高;每年产生秸秆近9亿吨,未利用的约2亿吨;每年使用农膜200多万吨,当季回收率不足2/3。这些未实现资源化利用、无害化处理的农业废弃物量大面广,对其乱堆乱放、随意焚烧给城乡生态环境造成了严重影响。2016年农业部、国家发展改革委、财政部、住房和城乡建设部、环境保护部和科学技术部六部委联合发布《关于推进农业废弃物资源化利用试点的方案》,指出:开展农业废弃物资源化利用试点工作,是贯彻中央有关"推进种养业废弃物资源化利用"等决策部署的具体行动,是解决农村环境脏乱差、建设美丽宜居乡村的关键环节,也是应对经济新常态、促投资稳增长的积极举措。2021年发改委提出农业秸秆等大宗固废资源化利用的发展规划,指出要深化农业循环经济发展,全面提高资源利用效率,提升再生资源利用水平,建立健全绿色低碳循环发展经济体系。到2025年,主要资源产出率比2020年提高约20%,单位GDP能源消耗、用水量比2020年分别降低13.5%、16%左右,农作物秸秆综合利用率保持在86%以上,大宗固废综合利用率达到60%。通过试点,形成可复制、可推广、可持续的模式和机制,辐射引领各地加快改善农村人居环境,建设美丽宜居乡村。

6.2.4 新的经济增长点

大力发展循环经济,推进资源节约集约循环利用,对保障国家资源安全,推动实现碳达峰、碳中和,促进生态文明建设具有十分重要的意义。对资源进行综合利用也将加快新能源、新材料、新技术的产业化发展,形成新型工业产业形态和国民经济新的增长点。

循环经济对于经济增长给予了强有力的支撑。

首先,有力地促进环保产业发展。资源综合利用事业在对废弃物进行综合利用,减少污染排放,促进检测、治理、生态修复等循环产业发展的同时,也促进节能减排、环境咨询与评价和绿色生产等事业的发展。蕴藏城乡之中的矿产资源通过回收综合利用,形成静脉产业,促进物资回收体系建设,加快处理产业、再利用产业和再制造产业发展,同时相关的物流产业、商品贸易、电子商务等服务业也得到了长足的发展。

其次，将环境保护和变废为宝相结合，可以提高资源综合利用效率，实现减量化、再利用、再循环。采用高科技手段对废弃物开展能源、材料及再制造等核心技术的深入开发和产业间的跨界创新。比如，从废弃电器电子产品中提取黑色、有色和稀贵金属；生活垃圾、沼气、煤矸石、煤泥和工业余热余压可以发电；生化污泥和餐厨垃圾可以制有机肥；利用煤矸石、粉煤灰、尾矿渣、植物秸秆等原料生产新型建材等。随着资源综合利用项目落地，工艺技术、核心装备逐步趋于成熟，生产效率进一步提高，正不断在行业和区域范围内进行推广，促进新能源、新材料、新技术的产业化发展。

另外，资源综合利用相关产业的关联性强，需要产业间的集约化发展。围绕再生资源主要产生区域（废汽车、废蓄电池、废电缆、废机电产品等），遵循属地管理原则，以圈区管理、静脉产业园区等形式，集约化地将资源进行综合利用和无害化处理。

6.2.5 促进产业转型升级

传统产业模式，产生大量"三废"（废水、废气、固体废弃物），将"三废"转化形成具有价值的产品，是对产业转型的重要贡献。资源综合利用是以物质循环为特征，要求经济活动最大限度地利用进入系统的物质和能量，达到"低开采、高利用、低排放"的目的。比如，将共伴生矿等工业副产品进行资源化利用，一方面提高了能源的使用效率，另一方面也降低了工业副产品对环境的污染，是实现工业体系转型的必然选择。

6.2.6 向清洁生产和综合利用的目标进发

建立在计划经济基础上的线性工业体系，特点是"大量生产、大量消费、大量废弃"，这种优先发展重工业、高投入、体量大、高消耗、高污染的粗放型工业体系，轻视对资源的利用，缺乏精细化的管理。而新型循环工业体系通过对资源集约开采、综合回收、清洁生产和深度加工，实现综合利用。倡导清洁生产，提高资源利用效率、降低污染排放，平衡社会与经济发展、环境保护与生态文明建设，任重而道远。通过对资源进行综合利用，一方面能够创造经济效益，另一方面也能够减轻污染物排放，逐步缓解工业生产对水、大气、土壤的污染，通过对污染物进行再利用和资源化，逐步改善生态环境，创造社会效益。

6.3　要素组合很重要

我国老百姓对资源利用这件事十分敏感，也创造了不少切实可行的办法，如"新三年，旧三年，缝缝补补又三年"，说的是旧货修补整复利用；"皮袄变皮裤"，说的是改型再制造。总之，要"变着法儿地用起来"。

"变着法儿"，就是要按照物质流、循环链进行梳理，建立结构框架、理清指导理念和基本概念等；同时做好经济流的疏导，开展生产要素的组合创新，以达到最大限度的利用、最优组合的协同、最好效果的运行。在这方面，循环产业链的建设可以带动物料的高效利用，可以形成零部件与总成的再利用或再制造产业，可以通过清洁生产制造多种衍生产品有效地提高了资源的价值，也减少了终端废弃物的产生。

6.4　协同发展原则

6.4.1　协同防治环境污染

资源循环体系建设要以可持续发展为理念，以资源高效利用为目标，以有效控制污染物排放，节约资源为前提，践行生态优先原则。以生态环境保护为建设的第一要素，将项目建设与区域自然生态系统相结合，最大限度地维持原有的生态功能。协同防治环境污染，特别是防范二次污染，是重要的发展原则。

6.4.2　协同配套设施

资源循环体系建设要协同产业配套设施，最大化地利用已有资源条件和设备、设施，进行技术改造，减少新增投资。特别是环境防治方面的协同配套，使得先进可靠的环保设备在循环产业区间内对于环境进行集约处理，最大限度发挥环保设施的效率，提高了环境质量，较之分散处理，也显著降低了总体投入和运行成本。

6.4.3　协同高效管理

由于物料流和产业体系的原因，循环产业建设项目往往涉及多个科技和产业领域，这就需要对于项目集约控制，有序管理。例如废弃物再利用的重点是无害化处理和物料高回收率。而清洁生产的要务则是节能高效，功能创新，因此在产品的生产环节就要考虑到可回收、易拆解，前后呼应，协同中体现全局，提升总体管理水平。

6.4.4　协同区域规划

尽可能将项目与区域产业发展相结合，将规划纳入当地的社会经济发展规划，并与区域环境保护规划方案相协调。规划设计应注重循环经济产业项目的"整体观"，友好型生态园区的"生态观"，可持续发展功能为主导的"人本主义观"，无论是前期的总体布局还是细化到交通、组织、空间与体量设计的具体规划均以上述思想为指导，统一规划、有序结合、分步实施。

第7章
全系列铜金属资源循环体系

作为资源循环体系的重要工程实践，全系列铜金属循环产业链历经多年，终获成功，为我国有色金属的全系列、全循环、全生命周期的资源循环开辟了新路，值得认真分析思考。通过理论和总体框架的研究，力图协同创新，在国内外其他相关行业中研究实施，在强调可持续稳增长的经济"新常态"形势下，加强供给侧结构性改革，推动产业转型升级，应对"中等收入陷阱"威胁，促进企业创新提效、健康发展，为产业发展提供工程理论和工程实践方法，也为后工业时代世界经济的发展提供新型资源环境理论。

7.1 项目背景

7.1.1 铜的低吟

铜，化学符号 Cu，原子序数 29，单质质地较软，呈紫红色。延展性好，导热性和导电性强，因此是电缆和电器、电子元件中最常用的材料，也可用作建筑材料，还可以组成多种合金。铜合金力学性能优异，电阻率很低，其中最重要合金是青铜和黄铜。

铜是与人类关系非常密切的有色金属，被广泛应用于电气、轻工、机械制造、建筑工业、国防工业等领域。铜的熔点较低，容易再熔化、再冶炼，因而回收利用相当经济。古代主要用于器皿、艺术品及武器铸造，比较有名的器皿及艺术品如后母戊鼎、四羊方尊等。铜还可用于制造乐器。

然而近年来，"铜的声音有些低沉"。因为原生的铜资源严重缺乏了。

目前世界已探明铜储量的 60% 集中在美洲，非洲和亚洲相对较少，各约为 15％。在已探明的 6.9 亿吨储量中，斑岩型铜矿、砂页岩型铜矿、黄铁矿型铜矿和铜镍硫化物型铜矿的总储量占所有储量的 97％以上。其中斑岩型铜矿达到总储量的约 55％，主要包括环太平洋斑岩铜矿带（美国、智利、秘鲁和加拿大等），阿尔卑斯-喜马拉雅斑岩铜矿带（伊朗、中国和巴基斯坦等），特提斯斑岩铜矿成矿带以及中亚-蒙古斑岩铜矿成矿带（乌兹别克斯坦、中国和蒙古国等）。

在全球精炼铜消费市场中，亚洲是目前铜消费的聚集地，其中又以中国需求量最大。中国巨大的铜需求市场源于中国改革开放以来高速增长的经济。随着我国工业化进程的到来，中国铜需求量逐年增加。可以说，是中国精炼铜的强劲消费拉动了世界精炼铜消费量的增长，中国经济发展趋势将直接影响全球铜行业的发展方向。在亚洲这轮经济潮流的带动下，非洲以及南美洲随后也将迎来铜消费高峰。德国、韩国、美国、日本等高度发达的国家制造业和服务业的优势，使其对铜的消费也占据相当高的比例，消费量不容小觑。而印度、俄罗斯等也有着巨大的消费市场。

我国铜矿资源相对匮乏，铜储量约占全世界的 4.35％。我们又是全世界第一大铜消费国，约占全球消费量的近 50％。另一方面，在我国铜产量中，再生铜占比约 40％，虽然听起来不低，但发达国家再生铜产量占铜消费的比例普遍在 50％～70％以上，说明我国再生铜产业发展的潜力和空间还很巨大。

7.1.2　有色之都再崛起

位于我国中部某省的有色基地这些年遇到很大的困难。历史上这一地区矿产资源丰富，为国家的现代化建设做出了重要贡献。但原始矿产资源总是越采越少，多年的高强度开采，让主要矿产资源逐步枯竭，给地区经济社会发展带来了一系列问题。近年来规模以上企业铜矿石、铁矿石开采量，比鼎盛时期下降了 50％以上。铜矿石的品位一降再降，许多矿石品位降至 1％以下。采掘业和资源加工业下降的落差很大，主导产业呈明显衰减趋势。依赖矿产资源而发展的城市，如何处理好资源枯竭带来的一系列问题，如何让经济发展，让民生得到保障，这些难题都在考验着基地。开辟新的资源渠道，降低经济对原生矿产资源的依赖度，是企业可持续发展的必由之路。

2008 年，城市转型由自发走向国家支持，由单纯经济转型走向城市整体转型。领导们认识到："要清醒看到资源型经济结构的弊端和隐忧，一旦资源枯竭，则一损俱损、百业萧条。""在绿色、循环经济方兴未艾的今天，有色金属企业必须快速转型升级，学会多条腿走路，不仅要会'吃'资源，更要学会'造'资源，实现金属原料的回收再利用。""早转则柳暗花明，不转则山穷水尽。"他们以勇于担当的责任感和未雨绸缪的科学决策,为有色之都的可持续发展赢得了空间。

该市大力推进"城市矿产"项目,致力于将废铜加工冶炼与原生矿冶炼过程相互融合,以减少对原生矿的依赖,实现闭合全循环产业链。项目以废弃电器、电子产品拆解作为切入点,又不断发展扩大至废弃机电产品拆解项目和报废汽车拆解项目。至此,包括了废弃电器电子产品、废五金电器、废电线电缆、废电机、报废汽车、汽车压件等系列再生资源处理利用项目,形成了以铜系金属为主的集中化、资源化的大型有色、钢铁、塑胶等资源输出产业群。

基地近年来"城市矿产"回收处理情况良好,回收量、资源利用量、深度加工量不断增加,在"城市矿产"的布局深度和广度方面不断延伸发展。2016年达到年回收再生资源42.08万吨以上,其中废杂铜16.49万吨,废铝4.75万吨,废钢铁15.66万吨,废塑料3.14万吨,废玻璃及其他2.04万吨。2012～2016年"城市矿产铜"回收处理总量达到77.38万吨,真正开辟出一条资源新路。

7.1.3 共熔共生的闭环产业链

全系列铜金属资源循环的核心是共熔共生的闭合全循环产业链。将废铜原料与原生矿石冶炼工艺相融合,充分利用大型有色金属企业雄厚的技术和规模化冶炼设备,依据资源循环利用原则和"城市矿产"基本理念,将废弃电器电子产品、废弃机电产品、报废汽车无害化处理等多方得到的废铜原料,根据不同类型,采用手工机械拆解或多级破碎＋多级分选的组合模式进行精细分选。选出的废杂铜料经共熔共生的组合工艺与原生矿一并精炼后浇铸制作成阳极板,经电解后成为阴极铜,并进一步制造各类铜产品等。而其产生的阳极泥采用火法＋湿法处理,伴以控电硫化处理工艺,实现稀贵金属高效回收,金、银、钯、铂回收率和直收率处于行业领先水平。切实做到从"城市矿产"中寻找废铜资源,并将其冶炼成精铜,制成产品重新返回到社会之中,形成从"废铜—铜资源—铜制品—废铜"的循环产业模式。

这一模式也可以进一步推广到钢铁、铝、铅、锌等各类金属冶炼行业,使得各类废料能够与原生矿冶炼紧密结合,长流程与短流程相互融合渗透,促进各冶炼行业可持续发展,减少对原生矿产的依赖,实现资源循环,环环相扣。

7.2　总体框架设计

7.2.1　原料来源

无论是原生还是再生，物质的来源和属性都是最重要的因素，只有针对不同的资源和物料的属性，合理确定处理与利用方案，才能保证产业环节顺畅运行，取得好的效果。

（1）原生矿石

铜矿石经过选矿成为含铜品位较高的铜精矿或者说是铜矿砂。铜精矿需要经过冶炼提纯，才能成为精铜及铜制品。铜矿石种类主要有自然铜、黄铜矿、斑铜矿、辉铜矿、蓝铜矿、铜蓝、孔雀石等。铜矿石一般可分硫化矿、氧化矿。其中硫化矿根据矿石矿物的不同可分为黄铜矿、辉铜矿、斑铜矿等；根据品位可分为富矿、贫矿；根据结构构造分为块状矿、细脉矿、浸染状矿等。

将各种低硫铜精矿、渣精矿、烟灰等按冶炼工艺要求进行配料，形成混合铜精矿。混合铜精矿、高硫铜精矿分别经定量给料机计量后加入圆盘制粒机制粒，制粒后与经计量的块煤、河沙在皮带上混合送入澳斯麦特炉熔炼，产出冰铜、炉渣混合熔体，经溜槽流入沉降电炉澄清分离得到冰铜和炉渣。冰铜送转炉吹炼产出粗铜和炉渣，粗铜送阳极炉精炼产出阳极铜，再经电解精炼产出阴极铜和阳极泥。阳极泥经综合处理回收金、银、铂、钯、硒、碲等稀贵金属。沉降电炉渣和转炉渣经缓冷后选矿，产出渣精矿，返回精矿库配料。熔炼炉及转炉高温烟气经余热锅炉回收余热，产生蒸汽或发电后送硫酸系统制酸。

（2）"城市矿产铜"

"城市矿产铜"是在本项产业链设计时衍生的一个新名词，由于定义明确，朗朗上口，随之在资料撰写和讲座中被多次提及。它的范围包括但不限于：

1）废弃电器电子产品

铜在电器、电子工业中应用最广、用量最大，占总消费量一半以上。而电器电子产品由于涉及千家万户，数量巨大，用铜量十分突出。集成电路、印制电路板、小型变压器和阴极射线管等都有大量的铜金属。表 7-1 为 CRT 电视机偏转线圈、小型电机、冰箱压缩机、洗衣机电机等各类产品铜回收率及铜品位，可以从这些部件看出，从废弃电器电子产品中拆解出的废杂铜在冶炼方面比原生矿石具有显著优势。

表 7-1　各类废弃电器电子产品废杂铜回收率及品位对比

项目	品名	铜回收率/%	铜品位/%
废弃电器电子产品	彩色偏转	35	94
	黑白偏转	45	93.5
	冰箱压缩机	8	92
	消磁线	63	98
	洗衣机电机	8	92
	黑白电视机变压器	12	92
	花线	20	97
原生铜矿	原生铜矿	—	5%以下

2）废电力输送设施

输变电工程、通信电缆及住宅电气线路需使用大量的电线电缆，以及铜汇流排、变压器、开关、接插元件和连接器等。这类废弃物的特点是含铜量较高，分离相对简单。以数量较多的电线电缆为例，其含铜量可达 30%～40%，通过人工分类，剥线机剥离或铜米机破碎分选等工艺，可以较为清楚地将铜和塑料等其他物料分开，拆解出的废铜和废塑料纯度接近 100%，是不可多得的宝贵资源。

3）报废汽车

汽车中铜系金属应用也十分广泛，主要用于散热器、变速箱同步器、电气电子接插件、空调、制动器、增压器、气门嘴和油路管道等。根据有关资料，每辆汽车平均耗铜量约为 15～20kg。若以 2023 年我国汽车保有量 3.36 亿辆计算，汽车总保有铜量为 388 万～504 万吨。而以 6% 的汽车理论报废量计算，2016 年从报废汽车中获取的铜资源理论值为 30.24 万～40.32 万吨。

4）其他废杂铜

除了上边废弃物中拆解下来以电解铜为主的铜原料，还有其他一些废杂铜和合金废铜，主要还是铜和铜基合金废料，这些废料统称为废杂铜。按杂铜成分的不同，分别为：

黄杂铜，主要杂质为锌，其含量最低为 2.8%，最高达 41.8%；其次含铅 0.3%～6%、锡 1%～3%、镍 0.2%～1.0% 等。

青杂铜，主要杂质为锡和铅，一般含锡量为 3%～8%，最高可达 15%；含铅量为 1.5%～4.5%，此外还含有 3%～5% 的锌、0.5%～6.5% 的镍。

白杂铜，主要杂质为镍及少数钴，白杂铜中镍和钴的总含量为 0.5%～44%，锌 18%～22%。

紫杂铜，紫杂铜为电铜材加工过程中产生的废料，如铜线锭的压延废品、拉线时的废线等。

军工废料，如枪炮弹壳等，为黄铜的加工品，其主要杂质是锌。还往往混入一些未爆炸的信管、炸药等，有爆炸的危险，应特别注意安全问题。

5）新废铜

铜工业生产过程中产生的废料。铜冶金厂内称"本厂废铜"或"周转废铜"。铜加工厂产生的废铜屑及直接返回供应厂的叫作"工业废杂铜"。

有色行业数量较大的新废铜是电解残极。铜阳极板在电解的过程中越来越薄，最后就不能再继续电解，需要更换新的阳极板，被取下来的残余铜板称为电解残极，电解残极需要重新回炉再浇铸成阳极板。电解残极与原来的阳极板质量之比，称为残极率，残极率的高低是衡量电解工艺的一个重要经济技术指标，在目前的工艺条件下，残极率一般在 16%～18%。全国按年产阴极铜 400 万吨计算，电解残极的总量应当在 80 万吨左右。

对于电解残极是否属于"城市矿产铜"，业界看法不大一致，有资源循环专家认为电解残极作为有色行业生产过程中产生的残料，属于城市矿产属性。而一些有色专家则认为这仍然是电解铜生产过程中的中间物料。但无论如何，如此大量的可循环资源要在产业链中予以高度关注。

7.2.2　基本概念

图 7-1 示出了全系列铜循环产业链的基本概念。

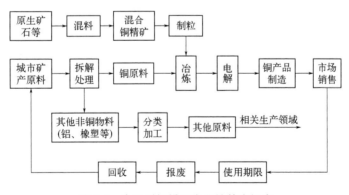

图 7-1　全系列铜循环产业链基本概念

各种城市矿产原料经由不同回收渠道汇集，进入产业链，首先经过拆解处理分为粗铜原料和其他非铜物料，前者进入冶炼环节，经过熔炼，去除杂质，浇铸制成厚板作为阳极，纯铜制成薄片作阴极，以硫酸（H_2SO_4）和硫酸铜（$CuSO_4$）的混合液作为电解液。生产出来的电解铜板纯度可达 99.99%。

高纯度的电解铜可在同一园区内制成如电线电缆、电器电子零部件、电工零部件等铜产品，一些铜合金产品也可不用电解工序，冶炼后采用其他工艺提纯，直接制成产品。所有制成的铜产品通过市场销售进入使用环节，待退役报废之后，集中回收，重新进入再循环的体系，由此形成全系列铜资源循环体系。

而铝、塑料、橡胶等其他非铜物料通过再生资源常规分类和加工工艺，制成其他原料，进入生产环节，可作为铜产品生产的辅助材料，也可以成为其他产品生产的主料，并广泛应用于其他工业领域。

7.2.3 产业链特点

① 生产要素的重新组合。将资源循环利用和有色金属冶炼领域的生产要素和特点有机组合在一起，以科技创新引领，将汇集在社会的"城市矿产铜"和原生矿石的冶炼组合在一起，实现了社会铜资源的汇集和高效利用。

② 全闭环、高效率、短流程。在一个基地实现了从资源汇集到新品生产的全过程，改变了传统有色金属冶炼和铜制品生产分离现象，最大限度减少冗余环节，通过短流程的应用，大幅提高生产效率。

③ 节能低碳、综合治理。缩短工序，优化物流，科学掌握冶炼时间，合理利用先进的大型冶炼设备，统一作业，统一管理，统一环境治理，有利于经济运行和环境保护并行。

④ 变废为宝，错位资源站回来。资源在生活的各个角落，关键在于发现它们并用在正确的位置。集小物而成大器，将退役后散落在社会的城市矿产资源汇集起来，壮大有色金属的资源宝库，事半功倍。

⑤ 污染因素和扩散因子得到有效控制。以系统工程方法运作，将所有可能成为污染的物料视为原料，再以科学和无害化方式转变为产品，并回用于新品生产，消除了污染的物质基础，再辅以有效的综合治理手段，对于污染因素和扩散因子起到至关重要的作用。

7.3 工程实例

该项目位于我国中部省份，历时 7 年，致力于将废铜加工冶炼与原生矿冶炼过程相互融合，从"城市矿产"中寻找废铜资源，并将其冶炼成精铜，作为产品重新回收到城市当中，形成了从"废铜—铜资源—铜制品—废铜"的循环产业模式，以减少对原生矿的依赖。依据资源循环利用原则和"城市矿产"基本理念，将废弃电器电子产品、废弃机电产品、报废汽车无害化处理等多方得到的废铜原料（"城市矿产铜"）精心进行物理分离，将"城市矿产铜"料、电解残极、品质稍差杂铜等不同等级废铜料共熔共生，建立了全系列铜资源的循环利用产业模式。并以先进的技术，实现稀贵金属高效回收。项目开辟资源新路，节能降耗，有效保护环境，取得了显著环境、资源和经济效益。对于当前国内亟须进行的产业转型升级发展具有重要的推动作用。项目先后数次获得全国性行业协会和所在省的科技进步奖，也是首届中国节能环保创新应用大赛获奖项目。

7.3.1 产业链流程图

图 7-2 为本产业链流程图。

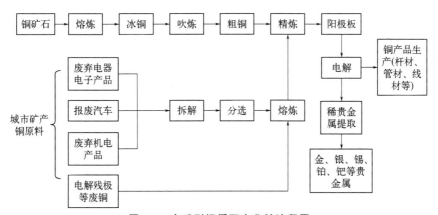

图 7-2 全系列铜循环产业链流程图

如图 7-2 所示，粉状或颗粒状铜矿石与石英砂（石）混合后，加入熔炼炉进行熔炼，在 1084～1300℃ 的高温下，石英与铜矿中铁、钼、镁、钙、硅等结合，形成炉渣，其余为含铜 60% 左右的冰铜，达到提高铜渣分离铜含量的目的。冰铜经吹炼炉进行吹炼，形成含铜约 98.5% 的粗铜，再经采用顶吹熔炼技术的奥斯麦特炼铜炉精炼。

而另一分支的"城市矿产铜"经过无害化拆解和分选后，进入竖平炉熔炼，之后与原生铜矿石吹炼出的粗铜合并，也进入奥斯麦特炼铜炉精炼，再浇铸制成阳极板，经过电解，生产出高品质电解铜，进而生产出合格的杆材、管材、线材等铜产品。

由于铜矿石往往同金、银等贵金属伴生，废弃电器电子产品中的手持（包括车载）无线电话机、计算机、印制电路板和 IC 芯片中也存在有一定数量的稀贵金属，这些高值物料在铜电解工艺之后都存在于阳极泥中，通过稀贵金属提取工艺，可以将金、银、锡、铂、钯等贵金属高纯度提取出来。

为简明起见，图 7-2 中略去了非铜物料部分的产业环节。

7.3.2 "城市矿产铜"的拆解与处理

（1）废弃电器电子产品

为规范废弃电器电子产品的回收处理活动，促进资源综合利用和循环经济发展，保护环境，保障人体健康，国家发展改革委从 2001 年开始，着手废弃电器电子产品回收处理的法规建设工作。2009 年 2 月 25 日，国务院发布了《废弃电器电子产品回收处理管理条例》（以下简称《条例》），决定自 2011 年 1 月 1 日起实施。《条例》的管理范围是列入《废弃电器电子产品目录》（以下简称《目录》）的产品，为此，在 2010 年 9 月 8 日，经国家发展改革委会同有关部门多次组织专题调研，确定第一批《目录》产品，包括电视机、洗衣机、冰箱、房间空调器和微型计算机（即"四机一脑"）。2015 年 2 月，国家发展改革委等六部委又公布《废弃电器电子产品处理目录（2014 年版）》，自 2016 年 3 月 1 日起实施，新目录又加入吸油烟机、电热水器、燃气热水器、打印机、复印机、传真机、监视器、移动通信手持机（手机）和电话单机九种产品。通常所说的废弃电器电子产品主要指这 14 类产品。

以下是几个"城市矿产铜"含量较高的产品拆解流程。

1）废冰箱拆解工艺流程（见图 7-3）

首先经人工拆解，将存储盒、隔板、密封条、铁架、温控器等拆除，按材质分别存放，所得物料主要用于材料再加工利用。在压缩机拆解环节中特别注意将压缩机含氟物质和压缩机油抽取并密封储存在容器中，送有资质单位无害化处理，部分再利用。

为避免破碎隔热发泡材料时溢散出氟利昂气体，引起污染，破碎需在封闭的作业环境中操作。两级破碎系统的设计，应在负压、密闭、闪点监控和氮气保护等方面有所考虑。采用负压环境的设置，保证破碎时聚氨酯（PUR，俗称泡棉）材料中所含氟利昂物质不外泄，也减少粉尘的溢出。近年来无氟冰箱的增多，环戊烷发泡剂燃爆风险增加，需特别注意闪点监控和氮气保护，对于操作者的职业安全也要高度重视。破碎系统还要避免阻塞现象。

破碎后物料要进行分选，先用电磁分选得到钢铁，后进入涡流分选机将金属和非金属分开。三级氟利昂回收系统将含氟物质回收，避免流失。经处理后聚氨酯发泡材料中的氟利昂残留量＜0.2%，压块后送有资质的单位填埋。

2）废电视机、废计算机拆解线工艺流程

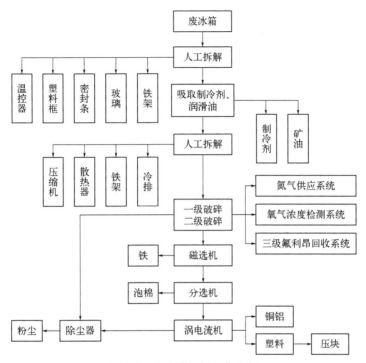

图 7-3　废冰箱拆解工艺流程

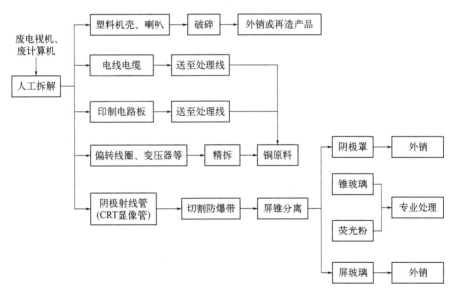

图 7-4　废电视机、废计算机拆解工艺流程

　　废电视机、废计算机主要采用人工拆解方式进行，拆解步骤见图 7-4。电线电缆、印制电路板、偏转线圈和变压器等原料经过处理或精细拆解获取铜原料。所有拆解物料均采用皮带输送机输送。整条拆解线配置了完备的除

尘系统，同时配置了专用屏锥分离隔间，用于 CRT 屏锥玻璃切割，避免荧光粉泄漏。图 7-5 为废电视、废计算机拆解线布局图。

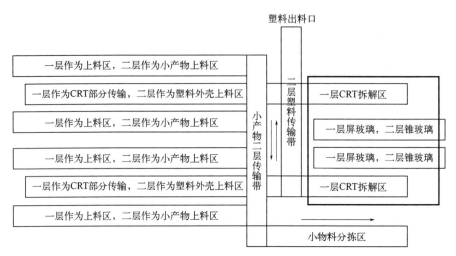

图 7-5 废电视、废计算机拆解线布局图

整条拆解线自动化水平较高，选用集放式滚筒输送线作为原料输送，解决了原料供应不均匀的问题，同时解决了原料集中上线扫描易产生的阻塞问题。流水线采取横向、纵向、上下立体式输送方式，节约了因拆解产出大量物料中间转运的人工作业量，节省了相关辅助工具和设备投入。体积较大的产出物料，如塑料外壳、屏锥玻璃采取专用皮带输送至定点位置，保证了拆解现场的整齐、清洁。

3）废空调器拆解工艺流程

图 7-6 示出了废空调器拆解工艺流程。

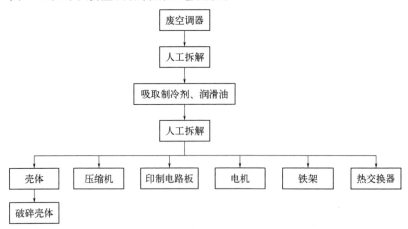

图 7-6 废空调器处理工艺流程图

废空调器经人工拆解将外壳、铁架、塑料等拆除，按材质分别存放。然后通过制冷剂回收机将废空调器中的油和冷却回路中制冷剂同时抽取出来，并迅速进行气态、液态物质分离（油/制冷剂）。抽取制冷剂后的空调器继续进行人工拆解，分出压缩机、印制电路板、热交换器、电机、壳体、铁架等。拆解后带零部件的印制电路板等送到废印制电路板化学除锡处理线进一步处理。空调器也是铜金属较多的电器，主要分布在电机、电路板和交换器中。

4）微小型变压器、小型电机、冰箱压缩机拆解工艺流程

如图 7-7 所示，使用简单设备及工具可将变压器、电机、压缩机内的铜全部分离出来，为保障高的含铜率，设计了不同的斩铜、拉铜和分离线圈的专用设备，同时不破坏硅钢片，完好的硅钢片可重复利用。

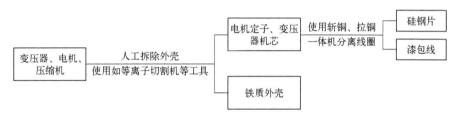

图 7-7　微小型变压器、小型电机、冰箱压缩机拆解工艺流程

（2）废电线电缆拆解工艺流程

图 7-8 示出了废电线电缆拆解工艺流程。混杂的废电线电缆入厂后，进行人工分选，按线径分选出大直径和小直径两种。大直径电线一般采用剥线机或剥皮机完成拆解工作，分成粗铜和塑料，而小直径的电线送入成套铜米机组进行处理，分为铜米和塑料，电线塑料一般为聚氯乙烯（PVC）和聚丙烯（PP），可以造粒，再生利用制造塑料产品。粗铜和铜米送冶炼，完成下一个工序。

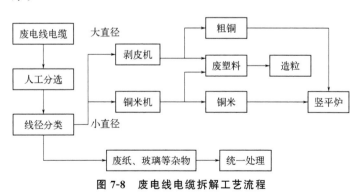

图 7-8　废电线电缆拆解工艺流程

（3）报废汽车拆解工艺流程

相关流程在后续章节详述。

7.3.3 技术创新点

（1）资源汇集，共熔共生

分析原生矿产冶炼的工艺流程，剖析"城市矿产铜"的经济技术特点，将报废汽车、废弃电器电子产品、废弃机电产品和电解残极等"城市矿产"资源汇聚一起，在长短流程交互融合的全新产业模式下，实现社会上铜资源的最大化聚集和循环利用。

资源聚集的要点是找到共熔共生的交汇点，利用奥斯麦特炼铜炉这种大型现代化有色金属冶炼设备，通过对工艺的创新和设计，使全系列的铜原料在进入奥斯麦特炼铜炉前具有很好的相容性，并在后面的精炼和清洁生产环节完全熔合，为此项目研制组开展了一系列的工作。

（2）精准拆解，吃干榨净

废弃电器电子产品等"城市矿产铜"原料往往伴有塑料、橡胶等其他物质，而这些有机物在燃烧时会产生二噁英（dioxin）和挥发性有机化合物（volatile organic compounds，VOC），前者具有很强的致癌性和致畸性，而后者会引起头痛、恶心、呕吐、乏力等症状，严重时甚至引发抽搐、昏迷，伤害肝脏、肾脏、大脑和神经系统，造成记忆力减退等严重后果。

最好的办法是防患于未然，即让这些物质根本不进入冶炼设施，也就是说需要制备高含铜率的"城市矿产铜"原料。然而国内传统的废弃物处理工艺是将物料破碎后，通过筛选、磁选和涡电流、光选等方法将物料分类，受物料混合的影响，各种物料的纯度不会太高，一般达到 70%～80%，而这离进入奥斯麦特炼铜炉的标准相差还很大。

如果不破碎而采用整体处理分离，又受到工艺和效率的限制。由于电气性能的需要，铜系电器电子产品和电气设备往往都具有怪异的形状，例如蝶形的偏转线圈、环绕型的变压器和镶嵌的电机绕组，给拆解带来很大的难处。这就像第一次吃蟹的人面对着肥美的大闸蟹，想干干净净地吃掉又不知如何下口，工作陷入两难。

再难啃的大闸蟹也会有工具制服它。经过艰苦的自主研发过程，项目组针对不同零部件研发出各种处理设备，采用无间隙冲压分离法将各类变压器、偏转线圈等特异铜系电子废弃物进行精准物理分离。例如将变压器放入具有自适应功能的模具中固定住，再放入设备中，采用无间隙冲压方式将其线圈去除，而与线圈紧密结合的硅钢片或骨架则完好无损。该设备可以对变压器、偏转线圈各个方向无间隙地贴合，使其铜线完整剥离。物理分解过程中不产生任何环境污染，保证了废铜资源的吃干榨净。"城市矿产铜"原料拆解分类后的含铜率均在 90% 以上。

但一些电器厂家为了设备的集成化和便利化，再兼顾一些特殊功能，使用了非常难于拆解的电路集成，生产时方便了，修理和拆解难度却大了，使"大闸蟹"问题更为严重。能不能通过技术进步和优化设计，也改变一下电器产品的怪异造型，以有利于产品周期末端的拆解回收，鼓励企业在产品生命周期伊始就照顾到回收利用的简易程度？这需要生产厂家的积极配合，循环产业链实践过程中，也要对于产品的优化设计给予积极的建议。

（3）动态精炼，连续作业

为提高效率，本产业链采用改进型竖平炉组合工艺进行联合动态精炼，即边加料熔化、边还原提温、边浇铸出铜，实现再生铜冶炼的连续作业。这一作业方式适用原料范围宽，生产效率高，能耗低。独特设计的工艺可以将"城市矿产铜"以及电解残极和其他品质稍差杂铜共熔共生，把社会上摒弃的废杂铜也融入资源循环的体系之中。

（4）规模化的稀贵金属提取

近年来，废弃电器电子产品中提取稀贵金属逐渐得到工程界的重视，一些拆解企业也相继开展了工程实践。机械法、火法和湿法冶金工艺都有示例，但由于规模小、资源量分散，还未能形成很强的示范作用。为提取铜金属的高值伴生元素，大型铜冶炼基地都设有稀贵金属生产工序，以废弃电器电子产品为主的"城市矿产铜"的加入，使得稀贵金属的提取更加规模化和产业化。作为国际对标企业，项目学习优美科公司的先进理念，通过覆盖全工艺流程的绿色工艺，依托大型有色企业优势，建设了以废弃资源和原生资源为一体，符合国情，在理念和流程上又与优美科不同的绿色产业基地与先进制造示范工程。而两体合一的稀贵金属提取，在规模化与先进性上有了新的突破。

金属离子在水中的化合物形态与化学电位和 pH 值有关，对阳极泥提炼过程中的废水采用控电硫化处理工艺，即控制沉淀剂和还原剂（如硫化钠以及氢氧化钠）加入量，控制调节废水化学电位和 pH 值，保证其沉淀渣中几乎富集金属金、铋、银、铅、砷的相关化合物，而金属锡和锑则主要以溶液形式存在。重金属渣中含砷由 3%～5% 提高到了 12%～15%，渣量下降到传统工业的30％以内。总之，项目通过采取众多措施保证高效率提取贵金属。

（5）环保节能措施到位

烟气经布袋收尘器收尘，效率达95％以上。燃烧风换热回收部分余热，粉尘经布袋收尘器收集，废气经吸收或喷雾处理。

7.3.4 产业前景

该产业链经数年运行，从"城市矿产"中回收并处理利用了以废铜为主的大量资源，表7-2示出了2012～2016年该产业链"城市矿产"的资源利用量、回收数量和深加工数量，其中"城市矿产铜"总量达到了77.38万吨，新增营业收入205亿元，起到了再造城市矿山的作用。

表7-2　2012～2016年该产业链"城市矿产"回收处理量

单位：万吨

项目	种类		2012年	2013年	2014年	2015年	2016年
资源利用量	废铜		14.2	14.8	16	15.84	16.49
	废钢		0.51	0.49	0.5	0.504	0.5
回收数量	废机电产品	合计	5.66	11.33	15.21	20.02	15.34
		废钢	1.14	2.36	2.98	3.91	3.1
		废铝	1.73	3.56	4.68	6.17	4.7
		废铜	1.56	3.04	4.23	5.57	4.2
		废塑料	0.95	1.87	2.56	3.36	2.58
		其他	0.28	0.5	0.76	1.01	0.76
	废弃电器电子产品	合计	—	0.73	1.66	1.93	2.73
		废钢	—	0.11	0.27	0.32	0.44
		废铝	—	0.01	0.03	0.36	0.05
		废铜	—	0.16	0.24	0.41	0.4
		废塑料	—	0.14	0.34	0.384	0.56
		其他	—	0.31	0.78	0.456	1.28
	废钢		11.98	10.87	11.16	7.2	12.12
	废铜		12.64	11.6	11.53	10.11	11.89
深加工数量	废铜		14.2	14.8	16	15.84	16.49
	废钢		0.51	0.49	0.5	0.504	0.5

项目选用先进的工艺技术及设备，努力创建具有世界级水准的再生资源综合处理企业。通过科学管理和有效衔接，与大型集团光亮铜线杆、电解铜

箔、漆包线和稀贵金属等延伸加工的生产能力相结合，共同形成以铜金属为主导的有色金属循环产业链，为世界性紧缺的铜金属开辟资源永续的可持续发展道路，为国内有色集团可持续发展建设示范基地。

7.4　设计和实施的体会

7.4.1　放宽眼界，跨界创新

眼界要放远一些。跳出特定的专业限制，"跨界"研究铜冶炼业全系统、全序列和全流程的问题。找到不同资源在产业链中的结合点，例如共熔共生的冶炼方法。另外，新的产业设计必然带来的新问题，要通过技术创新的手段加以解决，本项目中的自适应拆解、联合动态精炼和控电硫化稀贵金属提取都是在新形势下采用的新办法，使产业链在更高的层次达到新的平衡。

7.4.2　原生与再生资源结合，协同并进

现代矿业的内涵较之传统定义要有所发展。以"城市矿产"为代表的社会资源必将成为重要的组成部分。但是这并不是讲原生资源就不那么重要了。相反，原生矿山的开采也要有新的意识，例如更要重视共、伴生矿的价值，提高开采率，要优化冶炼工艺，注重节能低碳，对矿业资源尽可能地利用，同时减少污染物的产生，使得排放达到标准。尾矿的处置也要更为稳妥可靠。只有原生资源和再生资源有机地结合，协同发展，共同提高循环利用的效率，坚持走出循环化道路，才能使矿业资源得到最合理的利用。

7.4.3　清洁生产，提高效能

在产业链中制造出各种合格铜产品，资源开发与清洁生产结合，提高工作效率、缩短产业流程、减少物流消耗，突破制约发展的瓶颈，也符合"中国制造 2025"的战略精神，资源循环利用企业贯彻绿色发展的方针，链接正向生产，相辅相成，促进产业链闭合绿色发展，可以提高自身可持续发展能力，也与建设"制造强国"的战略目标相吻合。

7.4.4　规模运行，持续发展

再生资源产业的运行过程中，有一个问题是很难避开的，这就是由于回收资源的不稳定性，有可能对于企业持续运行造成影响。而规模化的有色金属产业，由于熔炼等工序的连续性要求，要防止物料不稳定对于连续运行的冲击。即使像优美科这样的大型国际化公司，也是多种物料汇集，广开渠

道，形成连续的原料供应链。项目将多渠道"城市矿产铜"汇集起来，又同原生矿产结合于大型冶炼设施，组成稳定的原料供应链，有效避免了因原料变化对于生产的制约，实现了规模化运行，符合可持续发展的原则。

参考文献

[1] 顾晓薇，胥孝川，王青，等. 世界铜资源格局[J]. 金属矿山，2015，44(3)：8-13.

[2] 陈宏周. 铜材在汽车工业中的应用[J]. 中国金属通报，2004(25)：2-5.

[3] 鲁落成. 电解残极再生阳极板工艺研究[J]. 第十六届中国科协年会——分10全国重有色金属冶金技术交流会，2014.

[4] 丁涛，杨敬增. 废电线电缆中铜材料回收的工艺研究与设备分析[J]. 有色金属(矿山部分)，2014(3)：68-74.

[5] 杨敬增，池莉，汪胜兵. 新常态下资源综合利用项目建设的若干建议[J]. 再生资源与循环经济，2015(5)：13-17.

[6] 汪胜兵. 资源集约互融共生打造国际领先全系列铜循环产业基地[J]. 资源再生，2016(8)：43-46.

[7] 杨敬增，池莉. 双碳背景和弹性供应链体系下的有色金属循环产业链建设[J]. 有色金属(矿山部分)，2023(1)：121-127.

第**8**章

铅酸蓄电池闭路循环产业链

废铅酸蓄电池中的铅占再生铅原料的 85％以上，如不合理回收利用将造成新的污染和资源再浪费。铅酸蓄电池闭路循环产业链的理念是，依托无害化处理的关键技术和工艺步骤，遵循节能减排和清洁生产的原则，支持鼓励铅酸蓄电池生产企业开展产业融合，集清洁生产和废电池处理于一体，创建新型循环产业链，完成"回收处理－再生铅冶炼－新品生产"的闭路循环系统，开辟电化学产品资源循环的发展新路。

8.1　建设的必要性

铅是一种古老的金属，曾经与铜、锌等金属创造了光辉灿烂的科学文化。铅在现代工业中主要用于防辐射材料、防腐材料、焊料、铅酸蓄电池等。由于铅有一定毒性，因此其他应用领域正在逐步缩小，目前主要的用途是制造铅酸蓄电池。由于铅酸蓄电池是目前世界上广泛使用的一种化学电源，具有电压平稳、安全可靠、价格低廉、适用范围广、原材料丰富和回收再生利用率高等优点，故被广泛地应用于交通设备和各种电源中。中国目前已经成为世界上最大的铅酸蓄电池生产和出口国，产量约占世界总产量的1/3。

据不完全统计，我国铅蓄电池制造厂家已经达到 1500 家左右，生产量平均以每年约 20％的速度高速增长。中国铅的消费结构也在不断变化。由于汽车工业的发展，用于铅酸蓄电池的铅占铅消费量的比例也在快速增加，已经从 20 世纪 60 年代的 27％上升到目前大约 80％～85％的高比例。

在重金属污染综合防治方面，第一类防控对象就是金属铅。其实大量的铅金属废物，是放错了位置的宝贵资源，是国民经济必不可少的工业原料。据有关机构统计，世界的原生铅矿尚可开采 21 年，居极度贫乏有色金属之首，因此再生铅产业在我国工业中的重要性日益彰显。中国年消耗铅达百万吨级，其中铅酸蓄电池行业耗铅量最大，达 70％以上。科学地做好铅酸蓄电池无害化处理，不仅可以有效地提高再生资源利用率，而且还能避免铅对人类生存环境的污染，对经济效益、环境效益、社会效益各方面都具有现实意义。

另外，国内固有的线性产业模式难以避免产生污染因素和扩散因子，要从根本上解决，探索新的产业模式势在必行。因此，著者与团队的同志一起，以科学发展为理念，技术工程和社会工程相结合，首次将铅酸蓄电池作为体系建设研究，提出了铅酸蓄电池清洁生产闭路循环产业链理论并进行产业化实践，做到环境效应、经济效益和社会效益多赢。摸索出从根本上解决电池产业铅污染的绿色道路。

8.2　产业存在的问题

2022 年我国再生精铅产量继续提升，同比涨幅 6.36％，且再生精铅在精铅总量中的占比超过 50％，已成为铅工业可持续发展的重要组成部分。市场预期，2023 年仍会有超过 100 万吨的产能释放，推动再生精铅产量延续增加态势。从企业层面看，近年来涌现出的一批技术先进、规模经营，年产量 5 万吨以上，以废铅酸蓄电池处理与综合利用为主的再生铅骨干企业，使我国的再生铅生产技术与工艺有了很大进步，正逐步接近国际先进水平。能源、交通和通信等支柱产业飞速发展，给铅酸蓄电池行业带来了巨大的发展机遇，需求量以每年 15％～40％的速度增长。

产量越高，报废就越多，我国每年报废铅酸蓄电池 5000 多万只。如能无害化处理并再利用，相当于每年开采一座产量几十万吨的铅矿，有力支撑这一重要工业体系可持续发展。但随着环保法规越来越严格，我国的再生铅工业也面临严峻考验。

长期以来产业存在的问题如下。

8.2.1　回收环节不畅

多头回收、分散经营、无序竞争，由于缺乏环保意识，在收集、转运过程中，随意拆解，将废电池中的酸液、塑料壳到处丢弃，造成环境污染，危及人体健康。

8.2.2　工艺水平低下

全国几百家再生铅厂，大部分企业熔炼工艺和设备落后，有些作坊式的小企业和个体户甚至采用原始的土炉土罐或传统小反射炉、小鼓风炉和冲天炉炼铅。回收率低下，每年有大量铅金属在熔炼过程中流失掉。废电池拆解后无分选处理技术，板栅金属与铅膏混炼。

8.2.3　环境污染严重

我国每年产生的废铅蓄电池数量超过 330 万吨，正规回收的比例不到 30%，70% 左右经个体商贩流入小作坊式回收处理厂，将铅出售给基本没有采取烟尘处理的非法冶炼厂，造成严重的大气污染。人体长期暴露在铅含量较高的环境中，体内铅含量超标甚至铅中毒，损害大脑神经系统，也会影响造血功能及肾脏和骨骼。

8.2.4　难以适应严格的环保要求

近年来国家有关部门对再生铅行业提出更为严格的准入要求，对于废水、废渣和烟气处理等环保设施要求逐渐增强，满足这些条件需要相应的先进技术的支撑，而目前国内工艺在执行相关指标方面还存在许多不足。如准入条件中要求冶炼废渣中铅含量小于 2%，就要在冶炼和电解技术中采取更为有效的措施。

8.2.5　利用率不高

绝大部分企业的工艺与技术达不到高资源利用率，合金成分根本没有合理利用，综合利用率低。而利用率越低，往往污染就越重。因此，仅从减少污染的角度来说，也要不断提高资源利用率。这样既注重环境保护，减少污染排放，还能提高企业收入，是事半功倍的好事。

8.3　传统开环产业结构现状和不足

从传统行业划分来看，新品电池生产属于电化学产品生产领域，而废电池循环利用属于资源再生和有色金属冶炼领域。铅酸蓄电池的营销属于通信和交通范畴，而废电池循环利用的产出品再生铅的营销属于材料与物流范畴。各领域工艺相差较远，环保和清洁生产的要求不尽相同。

从图 8-1 可见，当前废电池处理企业同新品电池生产企业一直维持简单供销关系，产业链开环。于是本应落叶归根的报废电池，却不得不通过各种回收渠道来到处理企业，由其生产出再生铅。生产企业再千里迢迢将沉重的再生铅采购来使用，运输成本很大。产品规格和使用者的需求也不适应，高价买了纯铅，到了生产企业还需添加其他元素。由于生产与运输的需要，两边企业都要耗费大量能源以熔炼铅金属，很不经济。从国家宏观层面看，增加了环保治理工作量，加大了重金属污染防治难度。

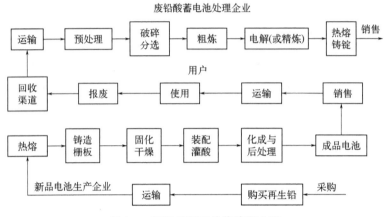

图 8-1　开环状态下的传统产业链

8.4　闭路循环的新型产业链

8.4.1　基本理念

规模铅酸电池生产厂家介入处理再利用领域，并与自身生产相结合，完成生产、回收、再利用和新品再生产循环环节，组成闭环清洁生产产业链。

图 8-2 给出"蓄电池生产→销售→废电池回收→处理→蓄电池生产"循环产业链的基本理念。通过完整合理的设计，这一产业结构较好解决了产用脱钩、物流烦琐、能耗巨大和成本居高等一系列问题。废电池处置再生产的产出品几乎都可以用于新品电池生产：再生纯铅可以用于铅粉制备和板栅涂覆，再生合金铅直接制造板栅，硫酸直接用于新品电池灌注，废塑料再生后用于工艺附件的制造。

8.4.2　主体流程

该产业链的主体流程见图 8-3。依据主体流程，分别对工艺技术、物流运输和技术创新等方面进行了改进。

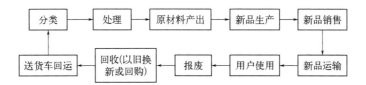

图 8-2　铅酸蓄电池循环产业链的基本理念

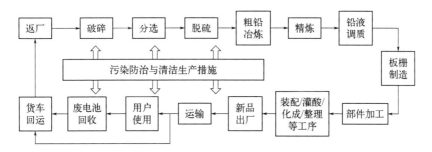

图 8-3　铅酸蓄电池循环产业链的主体流程

8.4.3　关键工艺技术

先进工艺技术可以有效减少处理过程中的能源消耗，最大限度降低污染物排放，提高资源回收率。因此进行一些关键技术和工艺上的革新，提高整个产业清洁生产水平，可以为节能减排工作提出可行的方案。

（1）破碎分离和水介质分选

手工拆解、人工分拣不仅效率极低，更会对场地和空气造成严重污染。只有对整个废电池实行机械破碎分选，并对分选的废酸、板栅、铅膏、废塑料和废隔板等部分分别进行清洁生产处理，才能达到资源回收、节能降耗的目的。图 8-4 给出了破碎分离和水介质分选流程。

1）两级破碎

两级破碎器和磁力分离器保证了破碎的安全可靠。一级锤式预破碎密闭操作，不断有水流注入，以起到清洗塑料部件，防尘和保持破碎机内恒定温度的作用。经一级破碎后的电池碎片进入二级破碎系统，与一级类似，也是全封闭操作，经二级破碎后电池碎片尺寸减小到 30mm 以下。

2）分离

经二级破碎的碎片首先将铅泥、大块的塑料和铅栅分离。粒径小于 1mm 的铅泥（含氧化铅、二氧化铅、硫酸铅、金属铅和其他细小粒子），在水的冲洗作用下，与直径大于 1mm 的铅栅和塑料分离。分离后的铅泥经沉淀脱水后，送入分选脱硫系统。

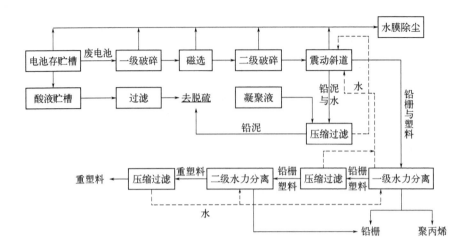

图 8-4　破碎分离和水介质分选流程

3）水介质分选

分离后的铅栅和塑料进行水介质分选，分选出铅栅、聚丙烯（PP）和重塑料。通过水流控制对以上三种物质进行第一次分离，PP 密度最轻，漂浮在顶部，通过螺旋传送装置分离出来，同时沉在下部的金属铅也被选出，剩余的重塑料与水的混合物分离出来，并进行脱水。脱出的水将在分离器中循环利用，多余的水回流，过筛循环利用，脱水后的重塑料进行再次分离，以确保铅含量减少到最低。之后，重塑料通过脱水后，收集贮存。沉淀在底部的为金属铅。

采用水介质分离避免了工人在生产过程中的铅中毒，减轻了劳动强度；另一方面把板栅材料和铅泥分开，提高了炉料的铅品位，增加高温熔炼的炉料量，从而减少了烟气、弃渣和烟尘数量，降低能耗，提高金属回收率、工效和产能，有利于环境保护。

（2）化学脱硫

选出的铅膏中存在一定量的硫酸铅，要完全还原出硫酸铅中的铅，炉窑温度要在 1200℃以上，不仅消耗能源，而且大量的铅被蒸发到烟气中，因此必须对铅泥进行脱硫处理后才可进行冶炼。采用以碳酸钠与铅泥反应实现化学脱硫方法，不仅可以去除铅泥中的硫酸，还可得到化工副产品。化学反应方程式如下：

$$PbSO_4 + Na_2CO_3 \longrightarrow PbCO_3 + Na_2SO_4 \tag{8-1}$$

硫酸铅能够全部转化成碳酸铅，并生成硫酸钠溶液，通过蒸发结晶得到硫酸钠产品。图 8-5 示出了反应的工艺过程。

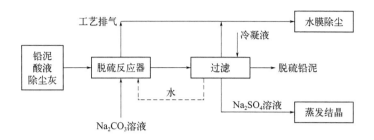

图 8-5　化学脱酸脱硫反应工艺过程

此工艺不仅解决了脱硫问题，还使脱硫用的碳酸钠转化为副产品硫酸钠，使得单纯的环保防治手段变成化工产品生产环节，不但消除污染，还有经济意义，实现了环境保护和变废为宝双重目的。

（3）冶炼和精炼

1）转炉冶炼

转炉熔炼系统用于生产粗铅。进入转炉的物料主要为铅栅、铅泥和反应剂等。铅栅主要成分为金属铅，铅泥主要成分为碳酸铅，二者理化性质差别较大。板栅主要为铅合金物质，纯度较高，因此熔炼温度较低，而碳酸铅需要更高的温度进行还原熔炼，因此要将铅栅和铅泥分开冶炼，这样在氧气合理供给和温度自动控制的基础上可保证消耗能源最小，并减小熔炼过程中的铅损失。

2）精炼

精炼系统是将粗铅中的杂质去除并生产精铅的过程。粗铅中主要的杂质为铜、锑、锡，经该工艺去除后，可将铅纯度提纯至 99.985%。铜杂质的去除采用加硫黄和木屑的方法，反应方程为 $Cu+S =\!=\!= CuS$，可将铜含量降至 0.005% 以下；杂质锡、锑的去除采用氧化法；金属锑的去除是在铅液中加入 $NaNO_3$ 和 $NaOH$ 的混合试剂，同时向铅液中鼓入氧气，使得较金属铅易于氧化的锑金属生成锑酸钠等碱性渣而漂浮在铅液上方，该过程的反应温度在 420～450℃ 之间。

8.4.4　环保与节能减排措施

废铅酸蓄电池处理过程中的生产用水循环利用。烟气净化系统由二次燃烧系统、烟气降温系统和烟气除尘系统组成。熔炼炉排放的烟气首先进入二段炉再次燃烧，以确保废气中的有机物和一氧化碳全部燃烧完全，避免二噁英的产生和排放，降温后的烟气进入布袋除尘器净化后排放。机械噪声可通过基础减振和隔声等措施降低，空气动力噪声可通过安装消声器等措施降低。除尘飞灰和熔炼炉渣通过回熔处理。

循环产业链前端已经将废铅酸蓄电池生产成为合格的合金铅和纯铅液，合理设置工艺流程，将液化铅在热熔状态下转换为生产工艺的合格原料，及时生产新品。完全改变产业脱节造成的冗余环节，节约了二次熔化所需的大量能源，大幅提高生产效率。

8.4.5　新技术应用

闭合的产业链有利于技术创新，一些前沿创新技术与设备，例如气相氧化工艺（巴顿法）、铅粉制备和板栅连轧连铸等环节都可以较为方便地连接在工艺之中。由于整个产业链设置在一个封闭厂区，可以综合考虑环境治理手段和设施，采用先进设施，有效预防酸雾、铅尘和烟尘对环境的污染，并有利于开展全系列无害化处置和清洁生产的技术应用。

8.4.6　简化物流与服务

作为系统工程，不仅需要先进的技术设备和工艺，也需要社会工程的配合。本体系充分利用生产企业遍布全国的营销资源，销售网点就是回收网点，安装队伍就是废电池召回队伍，运送新品电池的车辆也是回收的车辆，不会空驶。安装新电池的人员也是拆卸废电池的人员，熟门熟路。减少人力物力消耗，节能低碳。良好的产业结构将生产者、回收处理者、原材料制造者集于一身，对于原材料与产品的关联、质量把握和成本效益各方面大不同于一般供销关系，可以有效节约成本，减少消耗，杜绝浪费，提高效益，节能低碳，还提高了物流运行效能。

8.5　工程实例

8.5.1　基本流程

图 8-6 示出我国北方地区某铅酸蓄电池循环产业链示范工程流程。

从图 8-6 可见，一级锤式粉碎将回收的废旧铅酸电池进行初步粉碎，通过震动斜道将原料送往二次粉碎，其间有磁选装置将钢铁部件分离出去。之后，二次破碎机将材料再一次粉碎，使其尺寸进一步减小。设计独特的振动筛将铅膏分离出去，其余物质则进入水介质分离，独特的水流分流装置高效率连续地将铅同塑料等物质分开，铅块与经过脱硫、干燥、挤压等一系列处

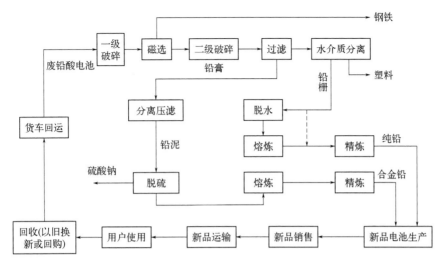

图 8-6 铅酸蓄电池循环产业链示范工程流程

理手段处理过的铅泥，分别经熔炼和精炼生成合格的再生铅，保证产品的高纯度和高产出率。各种环境保护设施有效预防了二氧化硫、氮氧化物、铅雾和烟尘及工业废水等对环境的污染。

先进的无害化处理与再生铅生产线，保证了产品质量，资源利用率高，铅回收率达 98%，用熔炼法即可达到一级精铅（99.985%）纯度，所生产的再生铅产品直接纳入新电池产品的生产链。全程清洁生产，切实做到保护生态环境。工艺设计新颖、设备先进、节能、节电、无污染。废电池中的金属铅得到有效利用。

产业链的设置使得废电池无害化处理设施与新品电池生产线在同一厂区内合理排布，将生产流程统一安排，实现全循环产业链。纯铅与合金铅以热熔状态直接进入了新品电池生产线，经过气相氧化工艺（巴顿法）将铅粉高效制备，同时保证热熔状态下板栅的连轧连铸，再经固化干燥、装配灌酸、化成和后处理等生产程序，最终制成新品电池。

社会工程的引入使回收真正做到低成本、高效率，从人员、车辆、回收点建设等方面都充分发挥了潜能，做到优化物流，节能低碳。

8.5.2 关键工艺设备

关键工艺设备如下。

破碎部分：一级破碎机或初破碎机、振动斜道、覆盖带式电磁分离器、二级破碎机、玻璃纤维存储罐、压力过滤器、压力过滤器输入泵、酸液过滤泵。

分选部分：水力分离器及泵、两级旋转筛、螺旋传输装置、粉碎磨、离心分离和干燥系统。

反应和脱水部分：压力过滤器、反应罐、铅泥分配装置、重金属沉淀罐、计量泵、其他罐和泵。

蒸发、结晶部分：结晶塔、主加热器、压缩机、母液罐、冷凝罐、结晶清洗器、泵。

除尘部分：除尘器、抽气系统、洗刷系统。

熔炼部分：装料系统（熔炉混合物料箱），转炉（耐火层、燃烧器、烟气控制系统、控制转炉压力的特殊阀门、坩埚拖拽系统）。

尾气处置设备部分：吸尘罩、后燃烧器、沉淀池、水冷烟道、冷却塔、烟尘处理设备。

精炼部分：精炼埚锅、自动炉渣撇取器、天然气燃烧器、精炼埚罩、铅泵、控制系统、去除锑的氧气枪。

铸造部分：铸造机、各种传送带、码垛机、称重机、打包机。

电气自控与仪表：电控板、管道控制系统、各类仪表。

中心检测环节对于生产的产品进行相关的检测，以保证产品质量，对于生产工艺顺利实施十分重要，相关检测仪器包括原子吸收分光光谱仪、金属分析光谱仪、硫黄元素分析仪等。

8.5.3 概要数据

工程概要性技术经济与节能减排指标见表 8-1。

表 8-1　概要性技术经济与节能减排指标

序号	项目名称	单位	数量	备注
1	生产新品蓄电池	$10^4 kV \cdot A \cdot h/a$	160	
	处理废铅酸蓄电池	$10^4 t/a$	10	
2	厂区占地面积	亩①	500	
3	建筑物建筑面积	m^2	200000	
4	可供生产使用铅原料	t	57000	纯铅（99.985%）与含合金铅
5	可供生产使用硫酸原料	t	10000	蒸馏法
6	可供生产使用塑料原料	t	10000	
7	工程总投资	万元	100000	
8	正常生产年销售收入	万元	250000	
9	所得税后内部收益率	%	48	

续表

序号	项目名称	单位	数量	备注
10	税后动态投资回收期	a	7.3	
11	单位能耗指标	kgce②/t（Pb）	99	一级标准为 100kgce/t（Pb）
12	年熔化节省能耗	tce③	103	节电 25×10^4 kW·h，折标系数 0.404
13	年运输节省能耗	tce	1912	节约 7000 车次 1300t 汽油，折标系数 1.4714
14	两项合计节能	tce	2015	
15	两项合计二氧化碳减排	t_{CO_2}	5037	折标系数 2.5

① 1 亩＝666.67m²。

② 1kgce（千克标准煤）＝7000kcal。

③ 1tce（吨标准煤）＝7×10^6 kcal。

注：表中未计新品生产中采用新工艺的节能减排

8.5.4　几点启示

① 面临原生铅供应的严峻形势，提取出废铅酸蓄电池中的可利用物质，生产出数量可观的再生铅补充到新品生产线，是采用资源循环理念解决铅金属资源再利用的有效途径。无疑成为可持续发展的经济增长点，也实现了资源最佳配置。

② 铅酸电池生产企业在营销、物流和产业化方面具有较大优势，审时度势建立资源循环体系，可以在铅金属资源短缺、废电池回收渠道尚不健全的现实情况下占得先机，进入良性循环。

③ 无害化处理与闭环产业体系建设必然涉及多方面多学科的因素，应该以系统工程方法，提纲挈领，做好体系的策划和实施。

参考文献

[1] 张希中. 中国再生铅工业发展现状及展望[J]. 资源再生，2008(11)：19-21.

[2] 肖永清. 车用废旧铅酸电池回收再生市场商机无限[J]. 金属世界，2004(2)：11-13.

[3] 龙少海. 中国再生资源回收及再生铅行业发展概况[J]. 新材料产业，2007(2)：37-41.

[4] 李颖青. 废铅酸电池的环境管理[J]. 污染防治技术，2004(3)：61-62.

[5] 屈联西,闫乃青. 再生铅技术现状与发展[J]. 中国金属通报，2010(35)：17-19.

[6] 许晓明. 废旧电池的回收与处理探析[C]// 第八届全国电动自行车信息交流年会论文集，2004.

第**9**章

基于生物质燃料的能源循环产业

能源是人类活动的物质基础。人类社会发展离不开优质能源的出现和先进能源技术的使用。在化石能源日渐枯竭且其应用对环境有很大影响的形势下，人们更多地转向寻找清洁能源。除了近年来大力发展的太阳能和风能之外，一种古老而又承载新时代重任的清洁能源——生物质能源，逐渐走进人们视野，并在近年来迅速走向产业化。本章通过系统化策划和要素组合，建立了一种有利于资源-能源转化的循环产业结构，这种基于生物质燃料的能源循环产业链，通过高效种植、资源互补、物理生化协同方法和工农业结合等创新理念，使秸秆等农业废弃物全部利用，达到保护环境、减少雾霾、提供清洁经济能源等多重目的。

9.1 生物质能源利用

9.1.1 生物质

生物质是指利用大气、水、土壤等通过光合作用而产生的各种有机体，即一切有生命可以生长的有机物质，包括植物、动物和微生物，通称为生物质。广义的生物质包括所有的植物、微生物以及以植物、微生物为食物的动物及其生产的废弃物。而狭义的生物质则是指农林业生产过程中除粮食、果实以外的秸秆、树木等木质纤维素（简称木质素）、农产品加工业下脚料、农林废弃物及畜牧业生产过程中的禽畜粪便和废弃物等物质。我们讨论生物质能源时，一般是指狭义的生物质概念。

生物质是仅次于煤炭、石油和天然气，位居第 4 的消耗能源，在社会进化和发展过程中，生物质一直饰演基本燃料的角色，在人类赖以生存的能源中占有重要地位。中国是一个农业大国，生物质资源十分丰富。我国每年约有 15 亿吨秸秆和农林废弃物，折合标准煤 7.4 亿吨，可开发量约为 4.6 亿吨标准煤。正常年主要农作物秸秆预估 9 亿多吨，其中 50% 可作为能源开发。薪柴年产量可达 2 亿吨，折合标准煤 1.16 亿吨。禽畜粪便 20 亿吨，可产沼气 $1950 \times 10^8 \mathrm{m}^3$，折合标准煤 3.1 亿吨。全国林木总生物量约 190 亿吨，可获得量为 9 亿吨，可作为能源利用的总量约为 3 亿吨。如加以有效利用，开发潜力巨大。

生物质能是太阳能以化学能形式贮存在生物中的能量形式，是一种以生物质为载体的能量，它直接或间接地来源于植物的光合作用。在各种可再生能源中，生物质能性质独特，是唯一可再生的碳源。所有生物质都有一定的能量，而作为能源利用的主要是农林业的副产品及其加工残余物，也包括人畜粪便和有机废弃物。生物质能环境友好，是典型的清洁能源，也是低碳减排的重要手段之一。

9.1.2　沼气

沼气是有机物质在厌氧条件下，经过微生物的发酵作用而生成的一种混合气体。由于这种可燃气体最先是在自然界的沼泽中发现的，故称沼气。现代沼气制备是将人畜粪便、秸秆、污水等各种有机物在密闭的沼气池内，在厌氧（没有氧气）条件下发酵，被种类繁多的沼气发酵微生物分解转化，从而产生的。

沼气是一般由 50%～80% 甲烷（CH_4）、20%～40% 二氧化碳（CO_2）、0%～5% 氮气（N_2）、小于 1% 的氢气（H_2）、小于 0.4% 的氧气（O_2）与 0.1%～3% 硫化氢（H_2S）等气体组成，其特性与天然气相似。沼气含有少量硫化氢，所以略带臭味，其主要成分甲烷是一种理想的气体燃料，它无色无味，与适量空气混合后即会燃烧。每立方米沼气的发热量约为 20800～23600kJ，完全燃烧后，可产生相当于 0.7kg 无烟煤提供的热量。与其他燃气相比，其抗爆性能较好，是一种很好的清洁燃料。除直接燃烧用于炊事、烘干农副产品、供暖、照明和气焊等外，还可通过内燃机（一般由柴油机组或者天然气机组改造）燃烧做功，带动发电机组发出电能。

沼气发电技术是集环保和节能于一体的能源综合利用新技术。它是利用经厌氧发酵处理产生的沼气，驱动沼气发电机组发电，并可充分将发电机组的余热用于沼气生产。

沼气发电热电联产项目的热效率，视发电设备的不同而有较大的区别，如使用燃气内燃机，其热效率在 70%～75% 之间。而如使用燃气透平和余热锅炉，在补燃的情况下，热效率可以达到 90% 以上。沼气电能为清洁能源，不仅以无害化方式解决了大量废弃物，保护环境、减少温室气体的排放，而且变废为宝，产生了大量的热能和电能，符合能源再循环利用的环保理念，同时也可以带来巨大的经济效益。

9.1.3 生物质成型燃料

生物质成型燃料（biomass moulding fuel，BMF）是将农林废物作为原材料，经过切片—粉碎—除杂—精粉—筛选—混合—软化—调质—挤压—烘干—冷却—质检—包装，最后制备成型的环保燃料。

农林剩余物等生物质主要由纤维素、半纤维素和木质素组成。木质素为光合作用形成的天然聚合体，具有复杂的三维结构，是高分子物质，在植物中含量约为 15%～30%。当温度达到 70～100℃ 时，木质素开始软化，并有一定的黏度；当温度达到 200～300℃ 时，呈熔融状，黏度变高。此时若施加一定的外力，可使它与纤维素紧密黏结，使植物体积大大缩小、密度显著增加；取消外力后，由于非弹性的纤维分子间的相互缠绕，其仍能保持给定形状，冷却后强度进一步增加。BMF 经挤压成型后，体积缩小，密度为 $0.7～1.4t/m^3$，含水率在 20% 以下。

BMF 成型在加工原理上可分为冷成型、热成型和常温湿压成型，由不同工艺保证成型效果。

BMF 是一种洁净低碳的可再生能源，作为锅炉燃料，它的燃烧时间长，强化燃烧炉膛温度高，而且经济实惠，同时对环境无污染。含硫量、灰分、含氮量等远低于煤炭、石油等化石燃料，是替代常规化石能源的优质环保燃料。BMF 碳活性高，灰分只有煤的 1/20，灰渣中余热极低，燃烧率可达 98% 以上。成型后的 BMF 体积小、相对密度大、密度大，便于加工转换、储存、运输与连续使用。燃烧时无烟无味，成本低廉，远低于石油能源，附加值高。

生物质颗粒市场报告给出的统计与预测数据显示，2021 年，全球与中国生物质颗粒市场规模分别达到 651.35 亿元（人民币）与 207.45 亿元。在 2021～2027 预测期间内，预计全球生物质颗粒市场将以 10.23% 的复合年增长率增长，并预测至 2027 年全球生物质颗粒市场总规模将会达到 1203.4 亿元。欧洲是世界最大的消费地区，年均消费约 1600 万吨。北欧国家 BMF 消费比重较大，其中瑞典生物质成型燃料供热约占供热能源消费总量的 70%。国内 BMF 当期年利用量约 800 万吨。

（1）　BMF 直燃发电

BMF 直燃发电主要是指循环流化床燃烧发电，采用 BMF 成型技术及设备，根据燃烧特性，在现有小火电厂基础上，对循环流化床锅炉进行技术改造，利用生物质成型燃料替代煤炭燃烧发电。根据生物质成型燃料的燃烧及流化特性，选取适宜的流化床锅炉运行工艺参数，对流化床锅炉进行改造，解决生物质在燃烧时的结渣与碱金属对换热器的腐蚀问题，合理进行一次风与二次风进风量比例的调整。利用现有燃煤火力发电厂的燃煤发电机组，建设成能利用 BMF 的燃烧系统，并使该技术工程化、产业化。该系统改进后使用 BMF 与煤混烧发电，投资少，技术要求不高，可解决部分小型火电系统改进的问题。

（2）　BMF 气化发电

高效率 BMF 气化发电采用生物质气化—燃气内燃机发电—余热蒸汽轮机发电的联合循环工艺路线，避开了要求很高的气体高温净化过程，可显著降低生物质整体气化联合循环系统的技术难度和造价，以较低的代价解决焦油问题和二次污染的难题，并实现废水的循环使用。低热值生物质气化产出气能够满足内燃式燃气发电机的运行要求，只是在能够实现的最大输出功率方面受到限制；生物质气化发电系统的尾气排放能够满足环保的要求，但气化发电机与生物质气化机组间需要具有良好的匹配性。

BMF 发电技术的应用可减小电力能源对化石燃料的依赖。利用较为廉价的农林剩余物等生物质资源作为发电原料，压缩的成型燃料与煤的性能相似，相比生物质原料的保存和运输成本大大下降，从而节约煤等化石能源，同时可降低中小型电厂的改造费用。

在环境方面，生物质资源具有的低硫、可再生等特点，使其在电力转化过程中直接或间接地减少了化石燃料发电带来的污染。BMF 发电技术可解决农林剩余物等生物质的分散、能量密度低、储运不便等问题，使其可以大规模地能源化利用，减少生物质资源的随意焚烧，提高了生物质资源所在地的农民收入。BMF 发电等中小型电力系统可弥补大电网在安全稳定性方面的不足，是大型发电系统的有效补充。

根据国际可再生能源署（IRENA）官方数据显示，近年来全球生物质能总装机容量保持稳定增长趋势，到 2021 年全球生物质能总装机容量已达到 143.2GW，同比增长 7.8%，相较 2017 年增长了 66.3GW。从装机容量增速来看 2013～2021 年全球生物质能总装机容量增长速度整体稳定在 5%～10% 的区间范围内，生物质热电联产已成为欧洲，特别是北欧国家重要的供热方式。据国家能源局官网消息，2021 年，我国生物质发电新增装机 808 万千瓦，累计装机达 3798 万千瓦，生物质发电量 1637 亿千瓦时，生物质发电技术基本成熟，规模逐步扩大。

9.2 秸秆利用现状

9.2.1 政策面向好

2022 年 6 月，国家发展改革委、国家能源局等 9 部门联合印发《"十四五"规划可再生能源发展》，指出要稳步发展生物质发电。优化生物质发电开发布局，稳步发展城镇生活垃圾焚烧发电，有序发展农林生物质发电和沼气发电，探索生物质发电与碳捕集、利用与封存相结合的发展潜力和示范研究。有序发展生物质热电联产，因地制宜加快生物质发电向热电联产转型升级，为具备资源条件的县城、人口集中的乡村提供民用供暖，为中小工业园区集中供热。开展生物质发电市场化示范，完善区域垃圾焚烧处理收费制度，还原生物质发电环境价值。产业政策明确，具有较好的前景。

9.2.2 焚烧秸秆使雾霾严重

秸秆是成熟农作物茎叶（穗）部分的总称，通常指小麦、水稻、玉米、薯类、油菜、棉花、甘蔗和其他农作物在收获籽实后的剩余部分。农作物光合作用的产物有一半以上存在于秸秆中，秸秆富含氮、磷、钾、钙、镁和有机质等，是一种具有多用途的可再生的生物资源。秸秆也是一种粗饲料，特点是粗纤维含量高（30%～40%），并含有木质素等。木质素纤维素虽不能为猪、鸡所利用，但却能被反刍动物牛、羊等牲畜吸收和利用。

秸秆可用作轻工、纺织和建材原料，既可以部分代替砖、木等材料，还可有效保护耕地和森林资源。秸秆墙板的保温性、装饰性和耐久性均属上乘，许多发达国家已把"秸秆板"当作木板和瓷砖的替代品，广泛应用于建筑行业。此外，经过技术方法处理加工秸秆还可以制造人造丝和人造棉，生产糠醛、饴糖、酒和木糖醇，加工纤维板等。

我国农村对作物秸秆的利用有悠久的历史。从前农业生产水平低、产量低，秸秆数量少，除少量用于垫圈、喂养牲畜和堆沤肥，大部分都作燃料自家做饭烧掉了。自 20 世纪 80 年代以来，粮食产量大幅提高，秸秆数量过多，加之省柴节煤技术的推广，烧煤和使用液化气的普及，使农村中有大量富余秸秆。每到收获季节，农民就开始焚烧秸秆，在特定情况下，确实是雾霾的重要成因之一。为了防止秸秆焚烧，政府也采取了各种办法：除了有相关法律规制，在天空中，有卫星遥感监测秸秆焚烧火点；在地面上，一到焚烧秸秆季节，干部进村，联防联控，防控不力，地方政府还会被追究责任。可是多年实践下来，管理效果不尽如人意。

9.2.3　农民为什么烧秸秆

从理论上，秸秆可以做有机肥，可以做饲料，还可以做工业品的原料，但为何并没有发展起来，究其原因有以下几点。

① 机械化收割后秸秆几乎都被打碎，散落得到处都是。对于绝大多数农民来说秸秆已成为无用之物，而且机械收割后的秸秆留茬太长，犁耙困难，以粉碎和深耕为主的秸秆还田成本太高。部分秸秆还不易腐烂，影响地力。

② 农村液化气的普及应用，使得村民不再需要秸秆提供能源。

③ 大量使用化肥已成习惯，谁也不愿意使用又费劲、效力又差的草肥。

④ 农户饲养牲口量锐减，小造纸厂因污染关停，秸秆作饲料和造纸原料的市场萎缩。

⑤ 农时不等人。例如华北平原秋收玉米以后，农民要赶着播种冬小麦，间隔最多 2 个星期。这期间，要把秸秆碎茬尽快清走才能继续耕种。慢慢收拾秸秆，会耽误接下来的农时，得不偿失。相比较而言，一把火烧掉最快。

⑥ 劳动力紧缺，以 10 亩地为例，把玉米秸秆归拢好，再拉回家里垛起来，这个过程，至少需要 4 个劳力齐心协力干 3 天。而这些劳力，大多是外出务工人员临时回乡收割，耗不起也不合算。

⑦ 秸秆属轻泡货，单位运输成本太高。

⑧ 再利用渠道不完善，企业内生动力弱，政策性补贴不足。

从以上几点看，秸秆问题的确不简单。牵扯到耕作方式、生活习惯、农事安排、补贴政策等深层问题。焚烧秸秆，对于环境造成严重影响，确实是应予制止。然而自觉不焚烧秸秆，俨然是一种无偿的公益行为，而且农民还要承担部分损失去处理这些农业废弃物。在根本问题未解决的情况下，单纯的禁止确实不是治本之策。

9.2.4　企业的难处

一方面，每年大量的生物质能源没有做到高效利用，农民却冒着检查处罚的危险偷烧，干着危害环境的事情。另一方面，空气质量不断下降，雾霾严重，国家还要投巨资治理环境。如何才能跳出这一怪圈呢？建立生物质能源企业，以秸秆作为原料生产清洁能源，似乎是合理解决这一资源与环保共存问题的出路。然而，细分析起来也有难处。

收入少、农民积极性不高是首要问题。河北曾有企业以每吨干秸秆100元回收，但秸秆不适合长途运输，依靠农民自己通过农用运输工具送，超过5公里，愿意运送的就很少了。农作物一年一种的地区，农民不着急赶农时，回收情况较好，而两季作物地区，为赶农时，农民不愿意也没时间浪费成本运送湿秸秆。就近投入设备生产秸秆燃料，响应者寡，最后也没使用，前期损失也很严重。回收秸秆不积极的原因很简单，花费几天的力气，最终卖几十元钱，得不偿失，还不如一把火烧掉。

其次，单纯就秸秆事情本身来说，采用保护价收购就是最好的办法。作为生物质能源企业，从事的是公益性强但经济收益差的事业，政府应给予适当补贴，为农民找到一个平衡点，但现在这些经济问题还有待解决，相关政策亟待细化落实。

好在国家已经重视这一现象，2015年8月全国人大常委会通过，2016年1月1日生效实施的《中华人民共和国大气污染防治法》中明确了政府职责："各级人民政府及其农业行政等有关部门应当鼓励和支持采用先进适用技术，对秸秆、落叶等进行肥料化、饲料化、能源化、工业原料化、食用菌基料化等综合利用，加大对秸秆还田、收集一体化农业机械的财政补贴力度。""县级人民政府应当组织建立秸秆收集、贮存、运输和综合利用服务体系，采用财政补贴等措施支持农村集体经济组织、农民专业合作经济组织、企业等开展秸秆收集、贮存、运输和综合利用服务。"

9.3 规模化建设的必要性和存在的问题

如果秸秆不焚烧，一般有两个处理办法：一是还田，就是用粉碎机将秸秆粉碎，再用旋耕机直接翻耕到地里；二是离田。前者涉及降解、肥化和不同作物秸秆的适用等问题，后者设法将秸秆压缩减容后运离田间，由相关企业回收后资源化。相比较，后者是值得提倡的方法。如果将大批量离田秸秆合理应用，规模化的热电联供工程较为理想。

在项目建设中，要深刻分析产业体系中的相关生产要素、生产环节和产供销关系，形成前后呼应的产业链条，从根本上满足产业结构合理和经济良性运行的需求。

9.3.1 规模化才能产业化

在秸秆的处理技术上，也可以参考国外先进方法。例如丹麦是世界上首先使用秸秆发电的国家，建于20世纪90年代，位于哥本哈根以南的阿维多超超临界发电厂由全球领先的电力设备研究、设计和生产企业BWE公司承建，采用了目前最先进的超超临界锅炉机组，被誉为全球效率最高、最环保的热电联供电厂之一。电厂的装机总量是 40 万千瓦，可满足丹麦 20 万用户的供热和 140 万用户的用电需求。该厂具有世界上最大的秸秆燃烧器，每年可燃烧 15 万吨秸秆。农民收获粮食后，把这些秸秆卖给电厂，电厂利用秸秆发电后，再把燃烧后产生的草木灰无偿返还给农民作肥料。这显然是一件对农民有百利而无一害的好事。据计算，每两吨秸秆就相当于一吨煤，成功解决了农户-秸秆-能源系列问题。

很显然，小打小闹地开展生物质能源项目开发建设，不能从根本上解决资源和环境的难题，也难以为继。只有建立大中型 BMF 电热联产中心，规模化、区域性地为社会提供能源服务，才是生物质能源发展的产业方向。

9.3.2　待解决的问题

由于国情不同，在我国开展规模化项目建设要解决几个重要问题：

（1）原料状况

虽然收获季节到处都是秸秆，似乎到了农户不立即处理都不行的地步，但这仍然是季节性很强的一种能源基料。首先是如何保证收集和存储，同时还存在地区的秸秆纤维总量能否维持规模化能源生产的问题。换言之，用于生物质发电，现有的秸秆不是太多，而是太少了，而且淡季原料还会发生供应困难。因此迫切需要找到一种四季生长，产量和纤维量都高的植物为常年原料支撑，起到"削峰填谷"的作用，以保证原料的常年稳定供应。

（2）就地减容与运输问题

由于体积大、重量轻，农户不愿意长途运送原生秸秆，堆放在地里又怕遇雨腐烂。因此要有一整套运行程序保证以乡村为单位就地压碎减容，条件成熟也可直接加工 BMF，以实际重量与农户结算，并由企业直接运到热电联供中心。

（3）补贴政策问题

一方面，在新型城镇化建设、生态文明建设、全面建成小康社会的关键时期，生物质能面临产业化发展的重要机遇。另一方面，国家的雾霾治理政策也为生物质能创造了前所未有的发展动力。例如，在京津冀雾霾治理中，部分燃煤锅炉拆除后改为生物质锅炉，政策严控期间，生物质成型燃料销售达到了前所未有的高度。然而，由于经营不规范的小规模企业过多，以假发票、做假账及虚假销售等手段骗取国家财政补贴的行为增多，补贴政策几多变化，对正规企业开展业务有较大影响。还有待于营商环境规范和政策的进一步完善。

9.4 生物质能源产业链

9.4.1 光合竹

通过深入分析可以得知，发展 BMF 电热联产中心，稳定的生物质原料是关键，不仅需要最大限度回收利用农业生产所产生的秸秆，也要专业发展种植高产、高纤维能源植物，科学解决资源量问题。地处四川大凉山地区的某公司绿色能源团队经过多年研究培养，走出了一条以生物质为基础，采用光合竹为能源植物，广"种"燃料，拓展生物质能源高效利用的绿色能源新路。

光合竹由象草和美洲狼尾草和竹子杂交改良培育而成，其茎秆似竹，植株特别高大，系多年生禾本科直立丛生型植物，是一种高产优质牧草。其叶片宽阔、柔软，茎脆嫩，家畜适口性好。科技人员的多年培育使它能够在各种贫瘠土地甚至尾矿中迅速生长，不产生重金属吸附，而且能够和其他植物共生。也可以在梯田式堆积尾矿立体种植光合竹，变废为宝，将大量的尾矿变成产生高附加值的良田，实现高效资源经济。

光合竹有许多优点。

① 营养丰富。据有关科研部门测定，其含有 17 种氨基酸和多种维生素。鲜草含粗蛋白 4.6％，精蛋白 3％，糖 3.02％；干草粗蛋白质含量达 18.46％，精蛋白质含量 16.86％，总糖含量 8.3％。不论是鲜草，还是青贮，或风干加工成草粉，都是饲养各种草食性牲畜、家禽和鱼类的优良饲料，特别适合牛、羊、马、猪、火鸡、竹根鼠、豚鼠、兔、草鱼、青竹鱼等动物。部分动物经常吃光合竹后，就会有偏食光合竹的现象，经光合竹饲养的草食动物大多生长速度快，较为健壮。

② 总糖含量很高，若能将这些糖分转化为燃料乙醇，每亩土地理论上可以产生 3～5t 燃料乙醇。

③ 光合竹是优质的造纸原料，其蒸煮时间、漂白度、细浆得率均优于麦草、甘蔗，完全适合制造较高档的纸品，其造纸品质优于速生杨、芦苇等禾草类原料。同时，还可制造质优价廉的纤维板。

④ 经改良，耐寒、耐旱、耐涝能力较强，产量远远高于芦苇等禾草类。光合竹属碳四植物，有较强的光合作用，对净化空气、吸收空气中的有毒（害）气体具有较强作用。在公路两旁、厂矿附近、公园内大面积栽植，可

降低空气的污染程度，改善人们的居住环境。

⑤ 光合竹是实施退耕还林还草工程的好品种，也是防止水土流失、治理荒滩、陡坡的理想植株。光合竹根系发达，茎秆坚实，平均根系长 3～4m，最长根系可达 5m，根系密集；平均茎粗 2～3cm，最大茎粗可达 4cm；整体抗风能力强，种植在地边、院坝、果园可作围栏、绿篱；种植在河边、沟边、水库边、荒坡可防洪护堤，防止水土流失，对绿化荒山荒坡、防风固沙都具有积极的作用。见图 9-1。

图 9-1　防洪护堤，防止水土流失

⑥ 光合竹最重要的特性是纤维量很大。据科研部门测定，光合竹纤维长 1.48m，宽 30mm，纤维含量为 25.26％，木质素含量 18.49％，是优良的生物质资源。

⑦ 在种植方面，光合竹适应性广，抗逆性强，适合种于各种类型的土壤，其耐酸性可达 pH 值 4.5。在旱地、水田地、山坡、平地、田埂、河埂、湖泊边等各类型地上及庭院、盆栽等一切可以充分利用的地方均可种植。光合竹的种植要求是：日照时间 100 天以上，海拔 2000m 以下，年均气温 15℃左右，年降雨量在 800mm 以上，无霜期 300 天以上的地方。光合竹生存能力、抗逆性较强，在一般气候条件下，成活率均在 98％，高寒低湿地区，成活率也可达到 90％，北方地区冬季可采用大棚越冬。

⑧ 生长速度快，繁殖能力强。一般当年春季栽种的茎节，于 11 月下旬停止生长，平均株高 4～5m，最高可达 6m（见图 9-2）。分蘖能力强，每株当年可分蘖 20～35 根，最多达 60 多根，每亩可繁殖 35 万根。春季种植一亩光合竹，生长 8 个月后，来年的种茎可扩种到 500 亩以上的种苗需要。若肥水充足，长势十分旺盛，来年的种茎可满足 800 亩的种苗需要。

⑨ 栽种简单，植物量特别大。宿根性能良好，栽种一年，连续 6～7 年收割，第二年至第六年是光合竹的高产期。光合竹耐寒性较强。一般在 0℃

图 9-2　光合竹与车对比

以上可自然越冬，8℃以上可正常生长。病虫害少，是病虫害发生最少的植物之一。

　　由于该种植物诸多优良特性，特别是产量和纤维量巨大，非常适合作为秸秆的后备植物资源，在生物质能源利用中起到平衡物料、保障供给的中坚作用。

　　当然，考虑到光合竹的母本特别是象草和美洲狼尾草所具有的根系发达、耗水耗肥和速生特点，种植时要与农林作物很好地隔离，以避免其进入大田，影响农作物产量和品质。要严格检疫制度。结合农事，利用农机具或大型农业机械，采取各种耕翻、耙、中耕松土作业，以清除地边、路旁的杂株，保持不同地块的独立性。

9.4.2　生物质能源循环产业框架

　　综合秸秆现状和光合竹特性，设计出生物质能源循环产业框架，如图 9-3 所示。

　　将按季节回收的秸秆和定制化种植的光合竹分别整理，干湿分开，干纤维素进入 BMF 生产过程，有序进入生物质气化装置，通过燃气内燃组合蒸汽轮机运行，带动发电/供热机组，实现 BMF 热电联产。而鲜湿植物有机质，可以会同其他有机废弃物（如动物粪便、餐厨垃圾等），共同进入厌氧发酵池，生成沼气，推动内燃机做功，带动发电/供热机组，同样供电供热。两路能源并网调度输出。

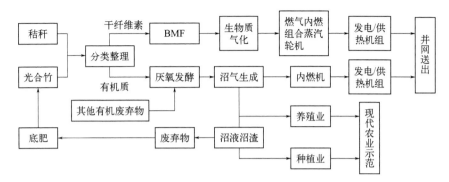

图 9-3　生物质能源循环产业框架

　　沼气池产生的沼液沼渣可分别用于养殖和种植业，成为新的农业示范工程，促进农业生产良性循环。最终的废弃物还可作为底肥，进一步促进光合竹高效生长，生产更多的能源植物。

9.4.3　秸秆回收与光合竹种植

（1）现场回收，就近生产

　　客观讲，秸秆"收贮运"存在很大困难，我国农村的实际生产情况，严重限制了生物质成型燃料的大规模发展。一些企业采取的"公司＋网点＋农户"模式比较适合我国农村当前情况。这样，公司可以实现规模化经营，遍布农村的网点可以解决秸秆的"收贮运"难题。与农户结合，通过市场化的手段可以解决原料供应和终端应用问题。这其实涉及农业服务业的细化和深入。其中，建立多点就地 BMF 生产终端，现场回收，就近生产，是切实可行的方法。收集的秸秆就地生产成型燃料，燃料加工分布各个秸秆产出地区，由生物质能源利用公司进行统一运输，统一存储，统一利用。如果基本上实现了市场化、规模化、标准化，市场效益将会得到较大提高。

（2）统一培训，设备租赁

　　调动社会服务的积极性，可能是破解就地收购难题的较好方法。
　　BMF 生产终端的公司统一投资设备，统一开展培训，在收获季节，以押金租赁的形式，将终端设备租赁给回收商，公司依照统一标准予以回收，并在回收价格中设定保底加工费部分，确保回收商的积极性。

（3）互联网调度

　　采用互联网＋回收商的模式进行秸秆回收和就地 BMF 生产的统一调

度，做到对于每一回收商的回收和生产情况及时了解，统一调度物流，利用好互联网金融手段，即结即清。

（4）光合竹种植基地

公司建立光合竹种植基地，按照循环产业框架开展种植作业，基地可以采取农户承包制，由公司与农户签订光合竹包收合同，并享有沼液沼渣等生态肥料无偿使用，以及补贴电价等优惠。有能力的农户还可租赁或承包经营光合竹 BMF 生产终端。公司还可通过保险等方式对于农户因不可抗力造成的损失给予赔偿。

9.4.4　政府支持和补贴政策

① 由生物质能源利用企业牵头，会同生物质生产的乡镇等基层政府，提出本地区生物质能源利用规划和实施细则，配合中央财政，根据试点省秸秆综合利用情况予以适当补助的政策，提出本地区政策性补贴的建议和受补助地区在环境保护、促进耕地质量和新农村建设方面的承诺，由地方人民政府给予相关补助，用于支持秸秆综合利用的重点领域和关键环节。

② 当地政府严格环保政策，将禁烧等各种不当处置与经济处罚相结合，将遵纪守法同补贴和政策奖励挂钩，与农民算清账，让农民了解秸秆收集、加工、储存、运输各个环节的费用，清楚出售一吨秸秆能够获得的实惠，政府和企业也确实要让广大农民得到真正收益，本质上提高农民从事生物质产业的积极性。另一方面，通过社会化服务的方式克服农业经营格局的限制，降低秸秆回收的中间成本。

9.5　生物燃气

9.5.1　政策支持和产业推进

生物质燃气是指利用农作物秸秆、林木废弃物、食用菌渣、禽畜粪便及一切可燃性物质作为原料转换为可燃性能源，其原料范围比沼气更广。

从时间上看，我国提出以沼气工程为主的生物燃气发展战略，已经略晚于一些发达国家，但是，我国资源量丰富，具有弥补天然气缺口的巨大潜力，且政策支持形势利好。据粗略估算，目前我国仅生物质生成沼气的资源量已近 2000 亿立方米，到 2050 年，该值将超过 3000 亿立方米，其中，农村畜禽粪污和未合理利用的秸秆占沼气资源量 60% 以上。随着生物燃气产业的发展，预计将会有更多的农业废弃物用于沼气生产。从体量和农业面源污染控制需求上看，农业废弃物沼气化是今后生物燃气产业化工作的重点。

欧洲沼气协会（European Biogas Association，EBA）2021 年统计数据显示，欧洲沼气和生物甲烷发电总量突破 200 太瓦时，创下新的历史纪录。该协会表示，过去的 18 个月里，欧洲共投运了 300 家新的生物甲烷工厂，总数量已经增加到 1023 家，其中有 87％已连入欧洲各国的燃气网。从规模效应上看，建设 5000～10000 立方米生物燃气规模的沼气工程是比较合适的。目前，我国农业沼气工程现状与目标存在很大差距。如何顺利实现大型化转型，是生物燃气产业发展的重中之重。

生物质燃气发电具有以下三个特点：一是充分的灵活性，生物质气化发电可根据规模大小选用合适的发电设备，能很好地满足生物质分散利用的特点；二是较好的洁净性，生物质本身属于可再生能源，可有效减少 CO_2、SO_2 等有害气体的排放，同时能有效控制 NO_x 的排放量；三是可观的经济性，生物质气化发电技术的灵活性，可以保证该技术在小规模下有较好的经济性，同时燃气发电过程简单、设备紧凑，也使生物质燃气发电技术比其他可再生能源发电技术投资更小，成为最经济的发电技术。

9.5.2 构建可持续原料体系

秸秆等生物质能源发电市场繁荣，投资踊跃，却亏损严重，其主要难题在于如何选择合适的收集半径。通过分析发现，当原料收集半径由 25km 扩大到 50km 时，秸秆电厂年利润率将下降 20％～30％。而当收集半径为 50km 时，电厂的盈利能力基本处于临界状态。以 1 万立方米生物燃气工程为例，若以秸秆为原料，则需要 25 个村级收集站和 2 个乡镇服务中心。目前构建如此庞大且分散的收储运体系还存在一定困难。

中国循环经济协会发电分会曾经就生物质发电产业做过一次调研，据调研情况分析，产业定位不准、项目选址不当和发电料耗过高是影响生物质发电产业实现盈利的三大结构性因素。"项目选址不当"和"燃料成本过高"是行业和企业自身的问题，是可以通过行业自律和企业技术进步解决的。随着"无序选址"暴露出来的问题，行业已经逐渐认识其危害并有意识在进行消化调整。生物质发电与传统火电相似，除了燃料属性不同外，发电原理相同，生产方式及电能质量与火电没有差别，生物质发电引起关注的主要是燃料供给不够的问题，目前因为技术因素导致的生物质发电不能上网的问题几乎没有。而采用光合竹为原料，采用大规模立体种植技术可为生物质发电厂提供良好的生物质能源燃料来源，以充分保障原料供给。

9.5.3 保障生物质稳产高产

长时间种植实践表明，运用现代生物杂交技术，从根本上解决了植物大量生长的核心问题，并采用具有自主知识产权的立体种植技术使光合竹在室内大规模加速生长（室内层高15m），独特的空间拓展方法可使光合竹的生长高度是普通植物的8层之高（普通植物以0.8米高度计），其每层光合竹35吨，这样在控制温度和湿度的最佳状态时，1季（120天）每亩产量可达280吨。每年3季共产840吨。

1吨光合竹茎叶经粉碎厌氧发酵30天后可产生400立方米天然气。840吨光合竹共计产生336000立方米的天然气，产出的燃气可以进入生物质燃气发电机组发电，也可以替代化石燃料，直接提供给冶炼等设备进行有色金属等冶炼。以发电为例，按生物燃气日耗量10000立方米计算，12亩地即可满足生产一台2000千瓦分布式生物质燃气发电机组的燃料供应。如果再同秸秆联合应用，可以成为绿色能源可靠的产业基础。

9.5.4 沼气系统

（1）脱硫

沼气脱硫系统是为沼气发电设备特定设计的工艺。它结合沼气使用的实际需求，对沼气进行系统的脱硫、沼气恒压、脱水等净化处理。该系统按照工艺分为三大类：干法脱硫系统、湿法碱性液体脱硫系统、生物脱硫系统。湿法以液体吸收剂来脱除硫化氢，设备处理量大，投资及运行费用小，可连续操作，是工程中较多的选择。

沼气通过管道进入到一级水浴喷淋中和吸收塔、二级水浴喷淋中和吸收塔，由设备的中下部与罐体连接（增加溶液和沼气接触的时间、同时有水封阻火的功能，根据沼气压力决定低于液面的高度），在设备的内部，有高压水雾喷头，喷出的雾状碱液与沼气充分地混合接触，使 H_2S 和 Na_2CO_3 反应溶解在水里，从而达到脱硫的目的，同时还可以除尘。加入碳酸钠到碱液发生塔，启动沼气净化系统，系统自动开始补水并搅拌制取碳酸钠溶液，由碱液循环泵将碱液加压输送到两级水浴喷淋中和吸收塔中，作为中和硫化氢的碱液。中和后硫化氢的溶解液通过碱液循环泵输送到单质硫分离器内部，同经过空气过滤器净化由风机输送来的空气，以及经过脱硫氧化催化剂溶解器由泵输送来的催化剂溶液，汇集在一起与氧气反应置换出单质硫。单质硫呈液态沉淀在单质硫分离器底部，每隔一定时间打开底部的阀门排除即可。在燃气机组检修时，沼气通过火炬燃烧后排入大气。

（2）控制

分散控制系统（DCS）控制系统由操作站、控制站、冗余的通信总线及电源系统、打印机等配置而成。DCS 系统要求留有上位机接口，以便实现全厂管控一体化。DCS 的控制功能、画面功能、报表功能、历史数据存储功能及各项技术指标应能满足本工程的要求。

（3）仪表组合

① 温度仪表：集中显示参数的一次元件选用国际统一标准的热电偶、热电阻，其保护套管根据工艺介质的不同，采用不同材质。温度就地检测选用双金属温度计。

② 压力仪表：集中显示参数选用罗斯蒙特（ROSEMOUNT）、横河（EJA）、西门子（SIEMENS）等系列的智能型压力、差压变送器。就地检测根据工艺介质及要求的不同，分别选用普通压力表及耐震压力表。

③ 流量仪表：根据流量介质的不同分别选用孔板、喷嘴等节流元件及插入式流量装置等。

④ 物位仪表：根据介质的不同分别选用静压式液位计及差压变送器等。

⑤ 可燃气体检测仪表：在发电机房内设置可燃气体检测探头，用于检测可燃气体的浓度，实现发电机房燃气浓度检测及泄漏报警，并联动发电机房内的防爆轴流风机开启通风。当沼气中甲烷含量达到 0.5% 时应声光报警；当泄漏沼气中甲烷含量达到 1.0% 时，应关闭相应的沼气阀门和除轴流风机外的所有电源，发电机组强制停机。

9.6　热电联产

建设生物质热电联产项目：一是可以实现集中供电供热，给居民生活带来便利，提高城镇化水平；二是符合国家产业政策和发展清洁能源的导向，助力农作物秸秆禁烧工作的展开，有利于解决包括雾霾在内的环境问题，也更好地建设宜居乡村；三是推动农林废弃物收储、包装、运输等采集供应产业链的形成，直接和间接地创造就业机会；四是农民将秸秆卖给电厂变废为宝可以增加收入。

9.6.1　转化技术

生物质热电联产是一个综合的能源系统，系统形式和组成取决于生物质燃料类型和末端用户的需求。生物质原料的燃料特性差别很大，因此在应用过程中所考虑的问题也不同。不同的生物质原料需要不同的收集、储存、运输以及转化技术。其转化技术大体分为两类：直接燃烧技术和气化技术。后者包括固体生物质直接气化、固体生物质高温分解生成生物油后气化，以及湿生物质（如动物废弃物）经厌氧发酵生成生物质气。

生物质热电联产系统的原动机具有不同类型，如蒸汽轮机、燃气轮机、往复式发动机等。生物质转化是将生物质转化为可用于发电供热的能源的过程。用于生物质热电联产的主要转化技术为直接燃烧技术与气化技术。

（1）直接燃烧技术

直接燃烧技术可追溯至 19 世纪，当今依然广泛应用。常用于生物质燃烧的锅炉为炉排锅炉和流化床锅炉，这 2 种锅炉完全依靠生物质来维持燃烧或者将煤与生物质混合燃烧。

炉排锅炉根据燃料供给位置的不同分为下送炉排和上送炉排锅炉，下送从炉排下向上供给燃料和空气，而上送则从炉排上供给燃料，空气则由炉排下向上送。上送炉排进一步分为集中式和撒布式供给，在集中式供给炉排里，燃料被连续地送至炉排的一端，当燃烧的时候，燃料沿着炉排运动，在炉排的另一端清除灰渣；撒布式供给炉排是最普通的炉排锅炉，燃料被均匀地撒在炉排面上，空气从炉排下供给。炉排锅炉的效率约为 65％。

流化床锅炉分为常压流化床锅炉和带压流化床锅炉。根据流化速度的不同，常压流化床锅炉又分为沸腾（或称为泡沫）流化床锅炉和循环流化床锅炉。与炉排锅炉相比，流化床锅炉燃烧效率高，可有效燃烧生物质和低级燃料，SO_2 和 NO_x 的排放量低。流化床锅炉的效率约为 85％。

直接燃烧生物质热电联产系统与燃煤热电联产系统相比，增加了生物质准备工场、生物质处理设备（干燥器、筛选机和研磨机等）、捕集大颗粒粉尘的旋风分离器、处理细微粒的囊式集尘室、干式筛分系统、氮氧化物排放量控制装置以及其他控制设备。有些项目还采用生物质与化石燃料混合作为锅炉的燃料。

（2）气化技术

气化技术是指将生物质通过高温分解或厌氧发酵产生中、低热值的合成气。

气化器包括固定床气化器与流化床气化器。固定床气化器可分为向下送风式、向上送风式与交叉流等形式。流化床气化器可分为沸腾式、再循环式与夹带式。与固定床气化器相比，流化床气化器结构复杂，造价高，但具有较好的灵活性，可处理大范围的生物质原料，甚至包括含水率达到 30％ 的生物质。影响气化器运行性能的主要因素包括生物质含水率、气体净化及工作压力。

气化器可在常压或高压下运行，高压下产生的合成气无需压缩可直接引入燃气轮机。与直接燃烧技术相比，气体燃料具有用途广泛、适于处理不同类型的生物质原料以及低排放量的特点，具有更广泛的应用前景。

9.6.2　联合机组

蒸汽轮机、蒸汽机、内燃机、燃气轮机等成熟技术组成联合机组。如直燃锅炉蒸汽轮机生物质热电联产、模块化直燃锅炉小型蒸汽轮机生物质热电联产以及以厌氧发酵生物质气为燃料的热电联产等，都是较为成熟的机组形式。

例如丹麦的水冷振动炉排锅炉，采用高温高压参数，分别配置 25MW 和 12MW 的汽轮发电机组，已经在国内几十个项目中应用，设备技术性能良好。

中国节能投资公司与浙江大学合作开发的生物质电厂循环流化床锅炉技术，采用中温中压参数，已在江苏某发电厂投产运行。另外，由我国锅炉制造企业自主研发的生物质发电水冷振动炉排锅炉，有次高温次高压和中温中压 2 种，分别在河北、江苏等地区项目中使用。按国内热电联产项目建设规范，热电联产厂设备至少配置两炉两机或两炉一机。近年来，充分考虑了生物质资源供应的可靠性问题，除资源丰富的地区建设大型热电联产基地外，一般规模生物质直燃发电项目的装机配置以 $2 \times 12MW$ 两炉两机为宜，或采用一次规划，分期建设的办法，在运行中逐步扩大，以规避资源风险。

联合机组涉及专业门类较宽，限于本书重点和篇幅所限，难于一一分析，有兴趣的读者可以参考相关文献深入了解。

9.6.3　清洁供热

大气污染和雾霾形成过程中，县域燃煤消费是主要的污染源。生物质热电联产项目具有绿色低碳环保的特点，是治理县域燃煤污染的有效途径。

2017 年，国家能源局正式发布《国家能源局综合司关于开展生物质热电联产县域清洁供热示范项目建设的通知》（国能综通新能〔 2017 〕 65 号），通知指出，为落实中央财经领导小组第 14 次会议精神，推进区域清洁能源供热，减少县域（县城及农村）燃煤消费，有效防治大气污染和治理雾霾，支持各地建设生物质热电联产县域清洁供热示范项目，并对示范新建项目优先核准，保障示范项目享受各地清洁供热支持政策，建成后优先获得国家可再生能源发电补贴。示范项目的建设将为治理县域散煤特别是农村散煤开辟新路子，为探索生物质发电全面转向热电联产道路、完善生物质热电联产政策提供依据。

9.6.4 前景向好

与太阳能、风能等可再生能源相比，生物质能源供给稳定、温室气体排放量接近零、可规模化发电供热、可加强本土资源的利用、降低对进口能源的依赖性、减少国内市场受到国际能源局势的冲击。生物质热电联产在解决能源问题的同时，环境影响很小，符合目前减排降碳的局势，在近些年已经展现出很好的发展前景。

参考文献

[1] 刘鹏，李勇，闫树军. 浅谈生物质资源利用现状及对策[J]. 新疆农机化，2016(5)：42-45.

[2] 夏敏，王磊. 我国农村生物质资源利用现状分析及对策研究[J]. 再生资源与循环经济，2014(06)：11-14.

[3] 宋景慧. 生物质燃烧发电技术[M]. 北京：中国电力出版社，2013.

[4] 李英丽，王建，程晓天. 生物质成型燃料及其发电技术[J]. 农机化研究，2013(6)：226-229.

[5] 樊瑛，龙惟定. 生物质热电联产发展现状[J]. 建筑科学，2009(12)：1-6.

第**10**章

"双碳"目标下的汽车循环多元化产业体系

　　碳达峰与碳中和是党中央经过深思熟虑作出的重大战略决策，是高质量发展的内在要求。事关中华民族永续发展和推动构建人类命运共同体。需要深刻认识碳达峰、碳中和工作的重要意义，科学制定碳达峰、碳中和行动路线图，并纳入到生态文明建设整体布局，才能推动经济社会绿色转型和系统性深刻变革，有效地促进行业的低碳健康发展。

　　汽车产业是国家工业实力的综合体现。汽车的正向生产可以带动钢铁、冶金、橡胶、石化、塑料、玻璃、机械、电子、纺织等诸多相关产业；可以延伸到维修服务、商业零售、保险、交通运输及路桥建筑等许多相关行业；可以吸纳各种新技术、新材料、新工艺、新装备；可以形成相当的生产规模和市场规模；可以创造巨大的产值、利润和税收；可以提供众多的就业岗位。

　　汽车拆解和再利用是多学科、多领域和多种专业的集合。随着科技的发展和环境保护需求的提高，如何以无害方式开展多元化的拆解、原料产出、零部件再利用和再制造，如何促进汽车循环产业的总体协调发展，是资源循环工作者关注与研究的热点。本章结合国家碳达峰、碳中和总体要求，对汽车循环多元化开展研究，并结合循环产业链建设在汽车领域的工程实践，阐述构建相关产业体系及子系统的方法。

10.1　产业特点

10.1.1　汽车保有量巨大

　　汽车产业对于国家和地方经济具有巨大的拉动效应，是重要支柱产业。

由于大规模产出，汽车工业在国内生产总值（GDP）中占较大比重，市场扩张能力强，需求弹性高，发展快于其他行业具有生产率持续迅速增长，生产成本不断下降，扩大就业需求，产业关联度高、长期预期效果好等特点。

随着群众生活水平的不断提升，汽车刚性需求保持旺盛，汽车保有量保持迅猛增长趋势。据公安部交通管理局发布消息，2021 年全国机动车保有量达 3.95 亿辆，其中汽车 3.02 亿辆。最惊人的是新能源汽车的增长速度，截至 2021 年底，全国新能源汽车保有量达 784 万辆，占汽车总量的 2.60%，比 2020 年增加 292 万辆，增长 59.25%，新能源汽车的快速发展，有利于碳达峰、碳中和目标的实现，促进经济社会全面绿色转型。

从 2020 年城市分布情况看，全国有 70 个城市的汽车保有量超过百万辆，同比增加 4 个城市，31 个城市超 200 万辆，13 个城市超 300 万辆（图 10-1）。

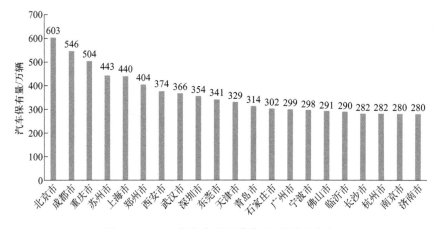

图 10-1　2020 年汽车保有量前 20 的城市分布

10.1.2　报废量快速增长

汽车保有量的增加必定带来报废量的快速增长，报废汽车的不规范管理会导致占用土地、污染环境等社会问题。汽车的主要材料有金属、塑料、橡胶、玻璃等。金属材料（包括生铁、钢材和有色金属）占 85%（质量分数）左右，其他材料占 15%。报废汽车的拆解回收不单纯指材料的回收利用或安全处理处置，更重要的是零部件、总成的再利用或再制造。从总体价值来看，报废汽车拆解行业蕴藏着巨大财富，是名副其实的"城市矿产"，也是投资者在新常态下重要的投资方向。

步入 21 世纪以来，我国汽车保有量不断攀升，汽车行业进入需求爆发式增长阶段，而汽车报废期限通常为 10～15 年，故我国在 2016 年后进入汽车报废高峰期。图 10-2 统计了 2016～2021 年我国汽车回收拆解数量。我国报废汽车回收拆解行业也在稳步发展。据商务部披露,截至 2021 年底,全国报废机动车回收企业突破 950 家,较 2020 年底增长 22.7%。报废汽车回收拆解网络初具规模,回收拆解企业数量、整体素质逐步提高。

图 10-2 2016～2021 年我国汽车回收拆解量增长统计

10.1.3 回收情况尚不乐观

报废汽车回收比例仍在低位徘徊,"回收难"是困扰我国报废汽车产业的痛点。报废汽车数量保持高速增长,但整体汽车报废率仍较低,仅为保有量的 4% 左右,明显低于发达国家 6%～8% 的水平,而回收率更是只有保有量的 0.5%～1%,远低于发达国家 5%～7% 的水平。大量已经达到报废水平的车辆仍在带病运行,安全和环保状况堪忧。

当前大多数企业仍然以废钢为汽车拆解的主要收入来源,由于废旧汽车通过正规拆解所得利润较低,正规拆解厂往往无人问津;而为牟取高额利润,多数已满年限或本该进行报废的汽车普遍流向地下拆解厂,经非法拆解后倒卖零部件得利。在车源方面,正规企业与黑作坊货车与客车的占比情况差别很大:正规企业车源以客车为主,货车占比仅为 34%;而黑作坊车源 90% 以上是货车。在拆车毛利方面,黑作坊要远远好于正规企业。

《废钢铁产业"十四五"发展规划》提出到"十四五"末,全国炼钢综合废钢比达到 30%;废钢铁加工准入企业年加工能力达到 2 亿吨;钢铁渣的综合利用率达到 85%,其中高炉渣的综合利用率达到 95%,钢渣的综合利用率达到 60%。未来废钢铁行业中精料加工将会不断被重视,同时电弧炉、转炉企业也将替代中频炉企业成为主要的用废大户。对废钢拆解企业来说,低品质废钢出货难度较大,钢铁渣开发利用、还原铁产业、废钢加工设备制造以及资源节约高效利用等方面都有待提高。

10.1.4 技术落后，产业亟待升级

国内拆解企业整体水平较低。企业仍多采用粗放式经营，管理方式、技术手段落后，设备简陋，回收拆解作业不规范，环保措施欠缺，物料低效利用，浪费现象严重。企业因历史原因形成集回收、拆解、剪切破碎于一体的简单经营模式。这种经营模式重点，仍以销售废钢铁为主要盈利目标，忽视零部件的附加值，零部件利用率较低。

因此，产业要加大升级改造力度。由于报废汽车拆解行业企业普遍存在报废汽车回收量少，生产规模小，企业税赋重等因素，基本处于微利或亏损状态。因此国家确定从 2013 年度开始，中央财政专项资金实行中央对地方专项转移支付，提供对企业升级改造需要的资金支持。各地回收拆解企业积极创造条件，争取国家专项资金，推动企业升级改造，实现规范经营，创造良好的经营环境。

10.1.5 需要政策支持

为规范报废机动车回收活动，保护环境，促进循环经济发展，保障道路交通安全，国务院于 2019 年 4 月 22 日公布《报废机动车回收管理办法》，自当年 6 月 1 日起施行。该法规的实施，对于行业的发展起到重要的支撑和保障作用。

行业需要完善政策措施，建立长效机制，加强交通运营和拆解场地的联合执法，对"黑车"、拼装车、改造车、超标车（超过报废标准、不年检的车辆）、非法营运车辆、非法拆解行为依法治理，规范回收网点经营行为。

另外，国内汽车拆解企业的综合税赋还比较重，也需要政府主管部门进一步制定优惠政策，减轻经营税赋。以便产业能轻装上阵，更迅速发展。

10.1.6 要把材料应用做好

废钢铁的回收和再利用是经济发展的重要组成部分之一，在整个钢铁行业中，约 30%～40% 的资源来自废钢铁的回收和再利用。国家把提升废钢铁、废有色金属（稀贵金属）利用技术和成套装备产业化水平列在"重要资源循环利用工程"的首位，作为国家战略性新兴产业发展的重点之一。

废钢铁回收利用体系建设作为国家战略性新兴产业，越来越受到重视。据国家发展改革委消息，2021 年，全国粗钢产量 10.3279 亿吨，废钢消费量 2.2621 亿吨。根据国际回收局统计，2021 年中国废钢消费量同比下降 2.8% 至 2.2621 亿吨，仍是世界最大的废钢消费国，中国废钢消费量与粗钢

产量比值较上年提高 1.2 个百分点至 21.9%，废钢回收利用率与世界平均水平仍有差距。报废汽车是产生废钢的大户，企业应将拆解做精，搞好废钢的等级分类，聚集优质废钢，提高综合利用率。

除废钢之外，其他物料的资源再生也有可观的收入，例如拆解 20 万辆小客车的企业，除了每年可获得钢铁 21.6 万吨外，还可以获得铜 0.3 万吨、铝 1.5 万吨、废轮胎 1.3 万吨、塑料 1.9 万吨、玻璃 0.5 万吨、废油 0.3 万吨、其他物料 2.6 万吨。如应用得法，仅有很少物料为不可利用废物。

10.1.7 再利用和再制造势在必行

单一以材料利用为主要经济来源的企业还是缺乏竞争力。正规企业和地下拆解厂博弈的最大利器是技术创新与进步，再利用和再制造是持续发展的重要手段。

随着生活水平的提高和部分地区限购政策的实施，车辆报废的年限也在缩短，许多车辆报废时车况尚好，许多零部件清洁整复后完全可以用于车辆维修，继续发挥作用，也就是说采取先进的工艺把旧零件修复到原始件水准或者改造得更优良，然后重新装配到新车身上。在品质性能方面，再制造的零件与新产品相比毫不逊色甚至更好，还可大幅降低对资源环境的压力。有统计资料表明，以制造一台发动机所耗费的能源为参考，用全新零件比再制造的多出 10 倍，可以说，汽车零部件再利用是 21 世纪的黄金产业。

据报道，欧美国家汽车维修和配件市场中再制造产品所占比例高达 50%，按照这样的市场份额，我国未来汽车后市场中再制造产品的市场空间巨大。当前，我国汽车零部件再制造产业虽然起步较晚，但发展迅速，从事再制造的企业已有 100 余家，产值从 2005 年的不足 0.5 亿元上升到近期的 80 亿元，从业人员也从不足千人上升到目前的 5 万余人，产业规模和产值都显著增长。

与传统废金属回收利用处置方式相比，汽车零部件再制造能够回收报废产品所蕴含附加值的 70% 左右；与原始制造相比，再制造成本可节约 50%，还减少 70% 材料、60% 能源的使用量。目前，我国零部件再制造范围局限于"五大总成"（内燃机、变速箱、发电机、起动机、转向器），其中内燃机再制造潜力最大。内燃机再制造是汽车零部件再制造的关键领域之一，它不仅可以减少废弃物，环境效益可观，而且节能节材，经济效益、社会效益也十分显著。

从汽车产业链角度上看，再制造属于产业链中必不可少的一环，也是汽车产业链形成闭路循环的重要环节。汽车再制造既是我国推进资源循环发展的重要内容和具体实践，也是成熟汽车市场普遍采取的措施之一。在过去的十多年发展过程中，无论是产业链结构、区位布局、产品质量，还是后市场接纳度，均有较大幅度的改善，未来在该领域的发展空间令人期待。

10.2 "双碳"目标与汽车循环产业

10.2.1 充分认识"双碳"目标的重要意义

汽车是国民经济重要组成部分，也是"双碳"事业的重要战场。汽车拆解和综合利用，有利于碳达峰、碳中和目标的实现，促进经济社会全面绿色转型。拆解出大量的钢铁、铜、铝、铅、锌、橡塑等资源（所占比重最高的是钢铁，约为70%）。这些资源可以资源化应用（针对物料）。报废汽车还有一部分零部件可以回收再利用（针对零部件）。

10.2.2 汽车碳排放分析及应对措施

（1）从生命周期看碳排放

可以从汽车的全生命周期定性分析汽车碳排放情况和应对措施。

第一，作为重要的工业品，汽车产品生产过程中有碳排放，可以通过改进工艺、提高效率，节约能源加以解决。第二，使用过程中产生大量碳排放，这就需要在促进汽车消费的基础上，力推新能源。例如确保2030年新能源车渗透率在50%左右。第三，汽车保有量在持续高速增长，这就应该让传统车保有量迅速达到峰值，油耗加速下降，全面达峰。第四，电动汽车会产生大量废电池，因此要鼓励电池梯次利用，推动减排效果。第五，报废拆解过程既有达峰，也有中和。物料和二手件的应用，延长了物料和零件寿命，减少了碳排放，但拆解过程中也因耗能产生碳排放。解决方法是人机结合，简化工序，发展再制造，延伸产业链。

（2）从资源再利用看减碳效果

有资料汇总，指出汽车拆解主要物料再利用的减碳效果：

废钢：每回收利用1吨废钢可减少1.5吨二氧化碳排放，减少使用1.4吨铁矿石和740千克煤，1吨废钢生产出来的钢铁产品所消耗的能量仅仅约为长流程消耗能量的三分之一。

废塑料：每回收利用1吨废塑料可减少碳排放5吨多，可生产再生塑料800千克，节能85%，节煤2吨，相当于节约石油117桶，降低生产成本70%～80%。

废铜：每回收利用 1 吨废铜可减少碳排放 2.5 吨，少开采矿石 130 吨，少产生 2 吨二氧化硫、13.1 千克氮氧化物和 100 多吨工业废渣，节能 87%。

废铝：再生铝生产过程中的能耗仅为原铝的 3%～5%，碳排放量仅为 0.23 吨，为电解铝生产碳排放的 2.1%（原铝生产为 10 吨左右），生产 1 吨再生铝可节约 3.4 吨标准煤，14 吨水，减少固体废弃物排放 20 吨。

但是这里也要特别指出，所说的回收利用，是从拆解到正品物料产出的全过程，而非单纯拆解打包。简单的拆解还只是第一步，只有在园区化的区域内产业延伸，通过进一步的深加工，生产出合格再生原材料，才能在增加效益，提高产业天花板的同时，完成碳减排的重要使命。

（3）零部件再利用再制造是重要的碳中和行为

《报废机动车回收管理办法》（国务院令第 715 号）和《报废机动车回收管理办法实施细则》（商务部令 2020 年第 2 号）相继发布，允许将报废汽车"五大总成"交售给再制造企业。有效促进了汽车回收利用行业上下游的有序连接，有利于汽车零部件再制造行业的发展，再制造件的应用也为减少碳排放做出了贡献。

零部件就是碳资源。把能用的二手零配件作为废料回炉，是对碳资产的毁灭，使它的效用归了零。而零部件再利用，几乎省掉了所替代新件生产过程中所有的碳排放。通过汽车修配和整复机构和二手件互联网交易中心，将可利用的零配件最大限度地交易流通使用起来，是很好的碳中和行为。

再制造构筑了节能、环保、可持续的发展模式，为工业绿色化发展奠定了基础。实现碳达峰、碳中和目标将是一场硬仗，作为绿色循环经济的五大总成再制造更是责无旁贷。例如广东某企业 2019 年售出的再制造产品相当于节约标煤 17.1 吨，节能效率提升 7%；节约水资源 585.58 吨，节水率提升 7.3%；节约材料 699.42 万吨，节材率提升 90.2%；减少碳排放 45.1 吨，降幅达 7%。而在再制造过程中，需要如实记录五大总成的型号、数量、流向，保证五大总成"来源可查，去向可追"，有效监管。确保合法、合理。

10.3　汽车拆解工艺理论和工程要点

10.3.1　逆生产过程

汽车拆解和再利用等汽车循环利用与资源化的过程，其实是汽车逆生产的过程，与正向生产一样，是多学科、多领域和多种专业的集合，在产业化和规模拆解过程中，也会出现相应的工艺问题和瓶颈，需要在实践中加以关注。

10.3.2　制式与非制式

制式：是按照统一的，有章可循的模式进行某项工作或操作。现代汽车生产绝大多数工序都已经采用制式工序，以保证在单位时间完成预定操作，生产恒定数量的产品。

非制式：作为汽车的逆向生产，汽车拆解过程中，只能保留部分制式工序，例如轮胎、蓄电池等部件的拆卸和油液抽取作业等。但也有许多操作不得不采用非制式工序，例如锈蚀的钣金件和零部件解离、发动机等总成细分拆解等。

10.3.3　工艺瓶颈

① 冗余工位——由于非制式工作节拍不合产生的冗余时间安排和冗余工位设计。

②（物）流线问题——废车、零部件、待破碎车体、拆卸物和外销材料等多重流线的交叉问题。

③ 叉拖车进车间——安全、污染和阻塞等问题。

④ 成品入库——传输、整理和存放问题。

⑤ 物料箱笼的放置和效率提升。

10.3.4　主体工艺思想和拆解模式

报废汽车拆解工艺和模式的选取，会影响汽车拆解质量、拆解成本和拆解效率，直接关系到企业的效益和可持续发展，同时关系到环境与生态的保护。当前三种主流工艺思想和模式分别是：

①"车走人不走"，也就是自动化程度相对较高的流水线作业，这是参照制式化原则的拆解工艺。

②"车不走人走"，以单位拆车单元为基础的固定拆解。主导思想认为非制式因素不可避免，因此全部采用自由节拍，由工人随意控制拆解速度，实行单工位固定工人拆解。

③"车走人少走"，利用柔性传输系统进行车辆和物料传递，采用自由节拍，合理布置箱笼位置，单工位固定工人拆解，物料即时智能疏散。

10.3.5 拆解模式分析比对

(1)流水线式拆解工艺

本着"车走人不走"主体思想，将预处理后待拆解车辆按照拆解顺序在流水线上进行有序拆解，其中各个工位都有特定的拆解分工，并按照一定的工作节拍对报废汽车进行拆解。按照物流运输方式的不同，可分为地面运输拆解线、悬挂式拆解线等。

(2)固定工位式拆解工艺

目前国内企业主要采用的拆解工艺。按照"车不走人走"的基本原则，将预处理后的报废汽车运至精细拆解工位，利用拆解工具，根据评估单对可利用的零部件进行人工精细拆解。拆解得到的零部件装入箱笼，送至零部件拆解区。剩余的车体与非精细拆解车辆由多功能拆解机（老鹰剪等）进行机械拆解。车体在不同工位间的运输方式一般采用叉车来进行搬运。

(3)柔性传输系统拆解工艺

国内智能拆解的一种新型方式。"车走人少走"主体思想的进一步完善。通过柔性传输系统（flexible transport system，FTS）完成物料转运作业。工人通过呼叫器，指挥自动引导转运车（automated guided vehicle，AGV）将待拆解车辆放置拆解区域。拆解工人按照拆车单对进行精细拆解作业。零部件周转箱装满，呼叫 FTS 自动运输车按预定路线将其传输至下一道工序或库房。

拆解工艺的比对分析见表 10-1。

表 10-1 拆解工艺的比对分析

处理工艺	优点	缺点
固定工位式拆解工艺	工艺简单，可满足报废汽车精细化拆解的要求，设备成本以及后期维护成本低	车间物流采用叉拖车运输方式，存在安全隐患。工人围绕车辆转动，常常处于无效的行走之中。不太适用于处理规模较大的企业
流水线式拆解工艺	减少了叉拖车的活动范围，避免厂房内交通交叉堵塞，提高了工人操作的安全性。提高了报废汽车拆解自动化水平以及工人操作效率，适用于处理规模较大的企业	设备成本较高，设备结构较复杂，后续维护困难；易造成车辆冗余积压或工序卡顿现象，影响处理效率

处理工艺	优点	缺点
柔性传输系统拆解工艺	减少了叉拖车在厂区内的活动范围，避免厂内交通交叉堵塞并提高了安全性；简化了线上操作内容，缩短单工位停留时间，提高处理效率。拆解物采用自动引导车辆 AGV 进行入笼入库，减少了工人劳动强度；适用于处理规模较大的企业	设备成本较高，需要对其适用性和经济性进一步研究

10.3.6 拆解布局

（1）制式与非制式拆解工序协同

一方面，对于具有恒定时长的制式拆解环节，采用串联、固定节拍且步进式传输方法。另一方面，对于需要精细拆解（如二手件拆解、细分、清洁与整复）或存在复杂因素的非制式环节，则采用并联、自由节拍且任意移动的传输方式。小规模多品种拆解时，也可采用一站式拆解布局。既保证了工作效率，又满足了高值化、精细化和资源化拆解作业的产业需求，同时较大幅度地减轻了工人的劳动强度。见图 10-3。

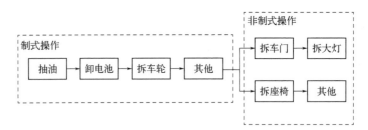

图 10-3　制式与非制式拆解工序协同

（2）集约高效的极坐标布局

设计汽车多元资源循环体系，首先要进行多元产业要素的构建，即通过系统分析，提出体系应具有的多种特点和需求，并尽可能考虑到相应对策。

直角坐标"平移法"拆解，设备简单，运行直接，然而缺点也是显而易见的：a. 工作面积过大，土地利用率低；b. 物料箱笼水平排列，与拆解车辆距离不等，影响拆解速度，操作工体力消耗较大；c. 操作位置固定，不能随车辆尺寸变化改变工位；d. 工人距离输送板链或轨道较近，有安全隐患。受移动方向和几何延长线的限制，上述这些现象的产生是难以避免的（图 10-4）。

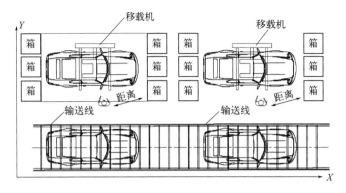

图 10-4　直角坐标系拆解工序示意图

极坐标拆解布局可灵活运用移载机械手在 360 度范围内移动报废车及大型物料，操作半径可调整，根据拆解的实际需要，与板链输送带配合，以移载机为中心，按圆周角度 φ 和半径 R 向外辐射输送报废车和物料，并自由分配拆解工位。这一布局缩短了物料的输送路径和时间，节约操作场地；与传统的直角坐标"平移法"相比，可以使拆解工位的作业面积更大更有效，物料箱笼弧形排列，等距聚集拆解物，方便且减少工人体力消耗，实现了"车走人少走"。同时，也可以使用移载机将装有拆解物料的箱笼移送至传送带，实现车间内无叉/拖车作业（图 10-5）。

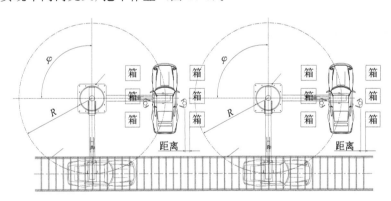

图 10-5　极坐标系拆解工序示意图

（3）AI 引导的柔性传输系统

柔性传输系统很好地解决了报废汽车行业的车型复杂、车辆数量不稳定、操作工人熟练度不同等特点（图 10-6）。车辆的内部转运和拆下来的零部件的入库出库由 AGV 自动传送系统执行，提高车间操作的安全性、环保性，保证处理过程高效运行。

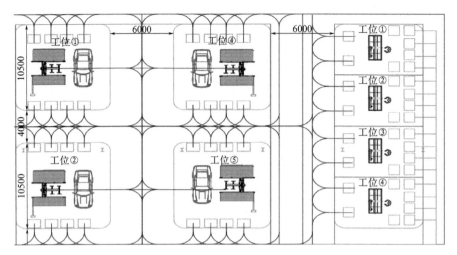

图 10-6　AI 引导的柔性传输系统

10. 3. 7　工程设计若干要点

① 分析生命周期，选择适当的拆解模式，安排有序，便于运行和发展。

② 增强供应链意识，注意上下游的需求，提高适应性，大开大合，使拆解成为全供应链中起到主导作用的环节。

③ 采用系统方法，明确主导思想，做好顶层设计，建立完善体系。从本质上解决资源、环境、效率和劳动力等多重矛盾。

④ 寻找契合点，稳妥地采用互联网和人工智能（AI）新技术，提升拆解和物流水平。例如互联网应用于二手件和再制造件的物流和营销。以AGV 为重点的 AI 技术用于车场与厂房间、厂房与库房间等多场合智能运输，等等。

⑤ 关注市场变化，提高应对水平。如对于废钢（特别是轻薄料）、有色（特别是铜铝）、非金属（特别是橡塑、二手件、再制造件）等市场行情的关注，调整终端产出物的形态和数量，取得更好收益。

10. 4　多元化产业体系

10. 4. 1　多元化产业要素的构建

建立多元化体系，需要先将各种要素的特点进行分析，并在体系和框架中合理安排。大致有如下要素：

基础产业要素——回收、运输、报废、拆解、分类、打包、外销等。

延伸产业要素——零部件再利用、再制造等。

多领域产业要素——炼钢、有色冶炼、稀贵金属提取、塑料深加工、精细胶粉、新产品清洁生产等等，涉及多种循环产业链子系统。

对于一般拆解企业，按照基础产业要素设计产业链，做到以回收处理为主，最大化利用所得材料，获取一定的利润率。企业具有一定稳定收入，成为社会产业体系中不可或缺的环节。

而规模化的资源循环企业，加入零部件再利用、再制造等延伸产业要素，自然对于企业的盈利能力提升、长远发展和集团化运作有着重要的意义。

对于资源循环产业园区和大型集团而言，以汽车循环产业链为基础，联合多领域产业要素，在国家政策和地方规范的允许范围，开展一系列的黑色金属、有色金属冶炼、非金属资源化以及清洁生产等作业，使得园区产业链条更紧凑、更集中，更简化，成为特色产业集群，对地方经济发展和产业振兴做出巨大贡献。

10.4.2 建立多元化产业框架

汽车循环多元产业框架如图 10-7 所示。

图中虚线范围内为基础产业要素组合。目前我国大多数拆解企业基本沿袭这一流程。从回收网点收集的车辆运输进场，就进入报废手续环节。

可能不少人对于报废手续不是很重视，以为只是例行公事罢了，但在实际操作中这个环节确实对于拆解企业效率有着很大影响。依据我国法规，车辆达到报废期后，应该到公安机关交通管理部门及时办理车辆报废手续，首先携带机动车登记证书、号牌、行车证和原车，到公安交通管理部门指定的机动车回收企业，填写"机动车停驶、复驶/注销登记申请表"，机动车回收企业确认该机动车需解体，向机动车所有人出具"报废汽车回收证明"。之后机动车回收企业应当在机动车解体后 7 日内将"机动车停驶、复驶/注销登记申请表"、机动车登记证书、号牌、行驶证和"报废汽车回收证明副本"交回车管所。这些较为复杂的流程一般是由拆解企业代办，当车辆多了以后，办理手续就需要等待一定的时间。另外，现行政策中车体有些部分还要由交通管理部门现场监销，这也需要排队，等待负责人到场。但与此同时，回收车辆却是每天源源不断地入场，这就造成不少车辆入场后不能马上解体，而要等待完成报废手续。等待时间的长短取决于报废车辆的多少、手续的繁简和办手续各部门的工作效率。目前大部分企业的时间为 1～2 周。显而易见，时间如果长一倍，就要有多出一倍的场地存放车辆。以 2 万辆拆解

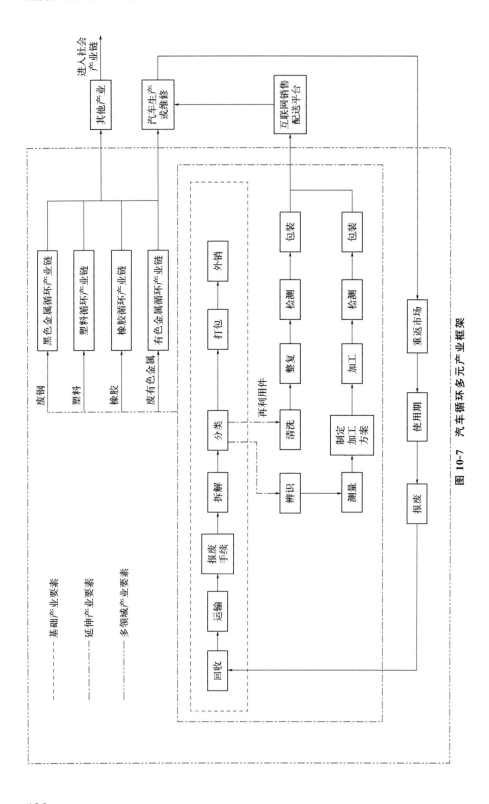

图 10-7 汽车循环多元产业框架

能力的中型企业为例,如果以 1 周计,需要有 385 辆车入场等待,而两周就是 770 辆,停车场所需土地和投资强度都要有很大增加。近年来有些地方设立交管部门现场办公室或实时作业视频上传,使效率有所提高。

拆解是汽车循环的基础作业内容。作业程序的设计要着眼于先进技术的应用,但也要兼顾先进性和适用性,投资与效率的关系。在有些地区,还要考虑国情,安排适当的劳动力就业。操作应严格遵循环保和循环利用原则。设备选型以满足技术要求、节省建设投资和保证生产线稳定可靠运行为原则。生产线设备以性价比高、先进适用且运行稳定可靠为原则。并满足生产大纲要求,保证生产装备的先进性和配套合理性,并满足适时增加新工艺、新技术加工的需要。

精细的分类是取得较高收益的有效手段,物料的价值和纯度与洁净度直接相关,因此分类人员不应只满足于将钢铁、有色金属和非金属等门类分开,还要掌握一些金相、有机、化学等专业基本知识,以精细地分出不同钢材、不同的有色金属,区分各类塑料,并注意不漏掉一些高值物料。

基础产业要素组合对于拆解分类后的物料一般打包后外销,不做进一步处理。

图 10-7 中单点画线部分为延伸产业要素组合。汽车零部件的再利用,是指经专业拆解后再次价值评估分析,分选出可再利用与可再制造非易损零部件。采取先进的工艺把旧零件修复到原始件水准或者改造得更优良,然后重新装配到新车身上。拆解下来的可用零部件又分为再利用件和再制造件。其中的再利用件,是指拆解下来的零部件具有完全的使用功能,且能保证以一定的时间继续使用,需清洗和整复,经检测后成为商品的再利用零部件。而再制造件需要辨识废旧零部件潜在使用功能,制定方案,实施高技术修复和改造。要针对损坏的零部件,在性能失效分析、寿命评估等分析的基础上,使用配有零部件基准工装的高精度通用数控机床等设备,找回零部件原基准后,再采用表面工程处理等一整套再制造工艺,严格按制造技术标准,恢复汽车零部件原有设计功能,达到与原厂件相同甚至超过原厂件的使用功效与标准,使再制造产品质量达到或超过新品。

图 10-7 中双点画线内是多领域产业要素组合。汽车采用的原材料种类繁多,牵扯到国民经济许多领域,这样在循环利用时,也会与不同领域发生交集。有一个形象的比喻,说汽车循环产业就像是章鱼,每一个触角就是一个完整的产业链,因此它的多元性也正体现于此。专业园区或大型集团在运作中,除完成上述两组合外,可以很自然地将这些产业链部分或全部设计到产业结构中,形成的专业集群,具有集中、短链、缩减物流,降低成本等优势,是走向规模与产业化的捷径。

三种组合产出的物料和产品，一部分可直接用于汽车生产和维修，重新投入市场使用之中，汽车退役后，再次进入回收环节，从而实现了汽车产业资源的良性循环。另一部分（主要是物料），可供给其他产业使用，所产出的产品进入社会产业链，也在宏观资源循环中发挥作用。

近年来，一些国内大型汽车制造企业进入汽车循环领域，承担起汽车后生命周期的社会责任，这使得在三种组合之外，又有了全系统的组合。也就是说，图 10-7 中的全部环节都可以形成有机的结合，它有助于形成汽车的全生命周期产业链，有助于在拆解过程中落实减量化、再利用、无害化的理念，有助于促进"中国制造 2025"与再生资源产业相融合。这些集团遍布全国的销售渠道及成熟的汽车零部件再制造能力，对于再利用件安全、可靠的使用和再制造工程的专业化开展都十分有利。在循环利用过程中，又反向促进汽车生产企业从源头注重设计，提高汽车再利用率，对汽车正向绿色生产起到一定的推动作用。

从发达国家的经验看，要想将拆解物料、再利用件和再制造件，乃至发动机等再制造总成即时、可靠和准确地销售到分布国内外的用户使用，互联网销售和配送平台承担着重要的任务。为清楚明确起见，此部分将在"第12章 互联网＋资源循环体系"中做详细的论述。

10.4.3 相关因素的考虑

（1）经济因素

经济因素是创建事业和稳步运行的关键，投资强度、产业规模、资金运作、风险防范等都要在设计中加以考虑。

投资强度决定了产业规模的大小，不同规模就会有不同的产业链设计和延伸，规模越大，产业链条越完整，经济收益就有可能更大，但同时也对产业效率、企业管理等方面提出更高的要求。

在汽车循环领域中，常见有些企业未能清楚认识到报废汽车的实际价值和盈利空间，将资金的大部分投入到大型设备和基础设施建设中，不恰当地加大了折旧，成本增高，后期运行反而因流动资金不足导致被动。但也见到有实力的集团，仍能冷静对待投入产出，合理设计，有序投资，技术可靠，设备适当，流动资金充足，因而取得较好的收益。可见资金运作其实有很高技巧，需要精心安排。

风险防范是多重的，除了可行性分析中的常规如政策、资金、技术、人才等风险外，尤其要强调安全风险。报废汽车拆解地是以化石燃料作为驱动能源机械的总集合，残油等可燃物质很多，管理不善火灾隐患极大。另外拆解又是各种重型零部件移位的过程,对于工人的职业安全问题也不可掉以轻心。

(2)商业因素

上下游合作者、销售渠道、营销手段、后续服务(如再利用和再制造)等。

原料来源依靠回收端的废物产生部门,物料和产品需要销售到客户端,需要建立好稳固的上下游、产供销渠道以保障企业正常运行。由于汽车资源化专业特性较强,有独特的回收、转运和营销方法与渠道,而再利用和再制造的总成和零部件又需要及时、准确和恰当地销售给维修厂或客户,这些不但需要经验丰富的营销人员的努力,还需要企业设计建设迅速快捷的信息平台来完成日益复杂的商业环节,例如"互联网+"和信息平台的应用。

(3)产业因素

地域因素:土地、生产条件、劳动力价值、用工需求和招商引资等。

其中土地的使用性质、所在位置、环境状况是企业稳定运作的基础。水气电等要素条件则保证生产线运行。国家进入中等收入阶段之后,资源、环境和劳动力红利已经基本没有,这样在项目建设中,对于项目实施地的地域因素特别是固定成本部分也要有重点研究,资金来源和渠道也是招商需注意的角度。

政策因素:经营许可、产品准入、税收优惠等政策。

经营许可、产品准入等决定了项目开展的合法性和稳定经营,当然企业也可以审时度势,积极申请相应的地方政策支持。原则上各地方对于国家鼓励的产业都有一定税收优惠政策,需要企业与主管部门协商落实。

人文因素:用户心理、保险理赔、信用评价等。

用户接受再利用和再制造件的程度,除了可靠的质量、快捷的服务和保换保修承诺,还取决于心理因素和适当的保险约定,其中网上平台和电商的信用准则及先期赔付也会对用户产生积极作用。

(4)其他

如包装、物流、运输和不可利用废物处理等。

除上述各要素外,现代化管理无疑是企业成功的关键所在。只是本书是侧重产业链理念、规划与设计的专著,难以对于管理进行深入分析,但这不代表可以忽略管理这一重要的要素。

10.4.4　多领域的子系统

作为"城市矿产"中最综合、最重要的资源之一，报废汽车涉及许多跨领域的子系统，在分析汽车资源循环体系时，也有机会介绍一下这些产业链。

（1）黑色金属循环产业链

图 10-8 为黑色金属循环产业链流程图。

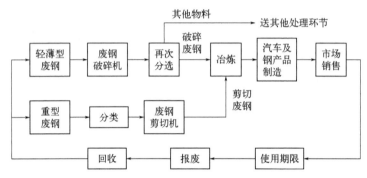

图 10-8　黑色金属循环产业链流程图

黑色金属是汽车循环产业主要产出物料，一些规模较大的拆解企业往往不满足于打包出售，而立足于废钢铁的深加工，以获取更大效益。废钢破碎机（线）和废钢剪切机等是开展黑色金属循环利用的关键设备。

拆解下来的车壳和机器盖等轻薄型废钢需要用废钢破碎机加工成颗粒状的原料，在破碎的同时，因摩擦产生的温度又将油漆等杂质消除，并再次分选。现代化的废钢破碎机就是一条规模化破碎处理线，由输送皮带机、破碎机、强力磁选系统、成品布料机、有色/杂质输送机、除尘系统等部分组成，还可以增选有色分选系统。这些环节保证生产出来的原料尺寸适中，质量均匀，纯净度高。钢厂需要破碎以后的废钢作为精炼炉调温剂，要求成分稳定、块度均匀、没有棱角、易于下料。价格比一般废钢价格高数百元，属高质量原料。

大型废钢破碎机产能比较大。以美卓林德曼-得克萨斯公司 60/90（1100kW）系统为例，转子锤头旋转直径为 1524mm，废钢破碎入料量为 25～35t/h，以每年 330 个工作日、每天 8 小时计，年处理量 60000～84000t。仅仅一般中小型拆解企业的产出废钢料难以满足这样大的产能，因此除大型和特大型拆解企业外，一般以本地区几家企业轻薄钢料合并处理为宜。

车梁车架等重型废钢则采用废钢剪切机处理，剪切尺寸以方便顺畅的电炉入料为宜。剪切机分为鳄鱼式、卧式、立式等，采用液压驱动，安全性能可靠，操作方便。废旧回收企业、废钢厂、冶炼铸造企业对各种形状的型钢及各种结构的金属进行冷态剪切，以加工合格废钢原料。

破碎和剪切过程中均需分类，以磁选方式为主选出的黑色金属，通过电炉等熔炼设备生产成品钢，而有色、非金属和少量杂质送其他流程作进一步处理。钢材用于生产汽车和其他钢制品后，应用于社会，报废后再次进入循环流程。

（2）塑料循环产业链

图 10-9 为塑料循环产业链流程图。

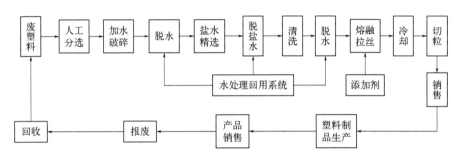

图 10-9　塑料循环产业链流程图

废塑料经人工初步分选，加水进行破碎，被破碎的原料脱去第一道破碎用水后，加入盐水精选分类出不同塑料，分别脱盐水后用清水洗涤，再脱水后进入造粒阶段。

造粒一般要根据树脂的特性和成型条件的要求进行，主要方法有挤出造粒、筛选造粒和喷雾造粒。挤出造粒的方法主要用于热塑性塑料的造粒，即将塑炼之后的熔体从挤出机机头挤出后，被刀切成一定形状的颗粒。筛选造粒主要用于热固性塑料，塑料粉碎后经振动分粒筛选，大颗粒再送回粉碎机粉碎，细粉送回配料工序重新塑炼。图中为挤出造粒工艺流程，分为熔融拉丝、冷却和切粒三个步骤以制成塑料颗粒。由于大部分塑料需要改性以提高性能，熔融阶段需加入增韧、增强、上色等性能的添加剂。生产出的塑料颗粒送塑料制品生产环节制成新品。新品报废后再次进入回收环节，形成循环链条。

水处理回用系统保证破碎用水、精选盐水和清洗水的处理和循环使用，是水资源保护的重要措施。

（3）橡胶（轮胎）循环产业链

汽车中橡胶主要集中在轮胎，图 10-10 为橡胶（轮胎）循环产业链流程图。

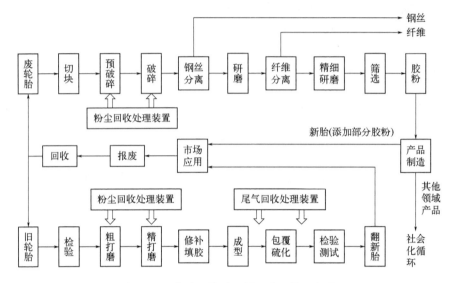

图 10-10　橡胶（轮胎）循环产业链流程图

回收的轮胎经鉴别，分为不可翻新的废轮胎和可翻新的旧轮胎，前者主要通过工艺流程制备胶粉，废轮胎经切块，两级破碎后进行钢丝分离，经磁选分离出钢丝，在研磨和精磨中将帘布纤维分出，最终产出胶粉。胶粉的细度由研磨系统控制。不同的胶粉应用范围不同。20 目之下为胶粒，可应用在跑道、道路垫层和运动场地铺装等；30～40 目为粗胶粉，可进一步生产再生胶、改性胶粉、铺路、生产胶板等；40～60 目的细胶粉用于橡胶制品填充和塑料改性；60～80 目称为精细胶粉，主要应用在汽车轮胎、建筑材料等；80～200 目为微细胶粉，主要应用在军工产品；200 目以上为超微细胶粉，主要应用于 SBS 材料（苯乙烯系热塑性弹性体）、汽车保险杠、电视机外壳、军工产品等。

用胶粉生产的轮胎经销售投入市场使用，产品报废之后进入又一轮循环。用胶粉生产的其他领域产品进入社会化循环。

轮胎翻新系指将胎面花纹已基本磨平不宜继续使用的旧胎，经过选胎、磨胎、涂胶、贴胎面、硫化等主要工序加工后，在胎体行驶面上更换一个与原始相似的新胎面，以恢复其使用价值，这种轮胎称为翻新胎。

旧轮胎翻新有较严格要求，如需具备相关条件：胎面花纹尚余 2mm 以上，不伤基部胎体，胎体任何部位无脱空；胎侧允许有轻微老化裂纹；轮胎子口不能有明显的凹槽，钢丝圈无松散、折断和严重弯曲；轮胎穿洞在允许范围；胎侧洞口与轮胎子口之间的距离应符合要求；无内胎轮胎的子口部分严禁有缺口、损坏、裂缝等现象。

通过人工甄选后，合乎条件的旧轮胎经过粗、精打磨，对一些缺陷进行修补填充，之后成型硫化。我国目前大多是预硫化胎面翻胎工艺，将预硫化胎面用黏合胶浆及胶片包覆粘贴到胎体上，在专用的设备上硫化。还要加上包装套，放入硫化机内二次硫化。预硫化胎面翻胎法翻新出来的轮胎耐磨性能好，行驶里程高，胎面抗刺扎，又因在较低温度下硫化，能增加翻新次数，但选胎要求较高且严格，需要有充足合格的胎源。

检测合格的翻新胎投入市场应用，报废后再回收，进入又一循环。

在橡胶（轮胎）循环产业链中，要设置合格的粉尘和有机尾气处理装置，做好环境保护，防止二次污染。

（4）有色金属循环产业链

通过前文对铜和铅循环产业链的描述，我们基本已经对有色金属的循环产业流程有了一定的概念，即从回收处理开始，到分选、熔炼、精炼，有条件的企业，还能有机地同新品生产结合为一体，形成闭环清洁生产产业链。然而在汽车循环体系中的有色金属循环产业链仍然有其特点，见图 10-11。

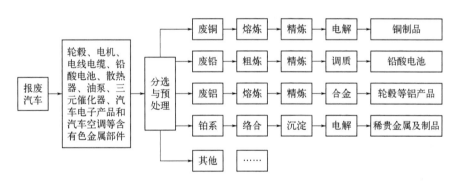

图 10-11　有色金属循环产业链

汽车中不少部件存在有色金属，尤其以轮毂中的铝，电子电气设备中的铜，蓄电池中的铅和三元催化器中的铂系金属为代表，因此其后期处理不可避免地要涉及多种产业体系。根据不同有色物料的属性，采取相应工艺技术，生产合格的金属材料，并力图以最短的流程和最少的环节生产出终端产品，形成使用、报废、回收的环节，并再次进入循环体系。

10.5 工程案例

根据我国大中型拆解企业的一般设计规模，结合多元产业体系建设，著者与团队对于某汽车循环产业的示范工程进行了简要分析规划。

10.5.1 项目意义

该项目规划建设于我国中部地区级城市，与全国大多数城市报废汽车拆解行业类似，由于经营分散，普遍存在回收困难、企业规模小、工艺落后、污染严重等现象。因此规范行业发展，提高工艺技术水平，避免二次污染已成为城市报废汽车拆解行业面临的重要问题。鉴于此，该市主管部门在开发区内建设集中统一的汽车循环产业基地，开展资源整合。项目以资源循环利用为理念，开展汽车循环产业建设，以报废汽车绿色精细化拆解与资源化为目标，实现报废汽车再用件及原材料的综合利用，同时将再生资源循环利用与环境保护相结合，为地方经济建设开辟一条新路。

10.5.2 拟建规模

该市报废汽车实际报废量可达 6 万辆每年，因此本项目一期拆解规模定为 2 万辆每年。按平均 1.5 吨每辆进行计算，每年可获得钢铁 2.16 万吨、铜 0.03 万吨、铝 0.15 万吨、废轮胎 0.13 万吨、塑料 0.19 万吨、玻璃 0.05 万吨，废油 0.03 万吨、其他材料 0.26 万吨。拆解后的材料基本都可以进行资源化再利用，有的还可以进行再制造，包括钢铁、零部件、有色金属、塑料、橡胶等。其余不可利用部分按照环保及相关规定要求进行收集和处理。项目也考虑了二期建设，二期拆解规模定为 5 万辆每年。

项目总规划面积 440 亩（1 亩＝666.67 平方米），一期 220 亩，总建筑面积 110000 平方米。厂区分为报废汽车存放区、报废汽车拆解处理区、废钢处理区、零部件整复和再制造区、清洁生产区、生活办公区等部分。一期项目建设投资为 11300 万元；所得税前内部收益率为 16%；所得税后为13.0%；静态投资回收期（所得税前）为 7 年（含建设期 1 年），静态投资回收期（所得税后）为 8.4 年（含建设期 1 年）。

项目以报废汽车资源化为产业中心，引进国外先进的技术设备，配套国内相关技术工艺，建立先进的报废汽车绿色拆解、再用件利用、钢铁回收利用、废轮胎回收利用、废有色金属回收利用的生产线。全部工程建设完成后，将成为集汽车拆解、汽车再用件修复利用、原材料初步处理（二期将进行深加工）、废钢和有色金属加工与综合利用的示范基地，并建立从废轮胎到精细胶粉直至包括翻新胎在内的橡胶（轮胎）产业链，从塑料颗粒到塑料产品的塑料产业链，以及重型工程车辆和机具再制造等延伸产业的汽车全循环利用体系。

对于一些较有价值但总量不大的物料如三元催化器、汽车电器电子产品等，建立专业的预处理环节，处理后销售给下游企业。

10.5.3 产业流程与分期任务安排

产业流程与建设分期任务安排如图 10-12 所示。

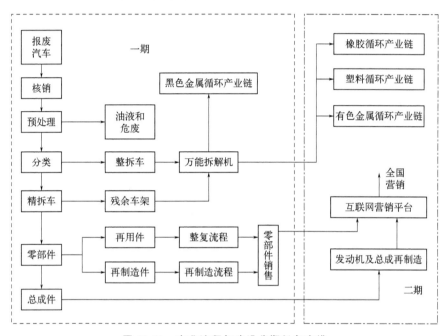

图 10-12 产业流程与建设分期任务安排

图中虚线所框为一期建设内容，点画线所框为二期建设内容。一期采用延伸产业要素组合，在基础拆解的基础上，加入再用件和再制造件的生产，按每车平均 5 件计，一期每年提供再用件和再制造件为 10 万件，二期为 25 万件。由于废钢是份额最大的物料，一期在万能拆解机（俗称老鹰剪）机械化拆解的基础上，设置了以废钢破碎机和废钢分选机为骨干设备的黑色金属循环产业链。

二期采用多领域产业要素建设，物料分别进入多元子系统，在闭环短链的形式下，通过不同专业领域的循环产业链建设完成材料加工乃至产品的生产。二期建设中考虑在国家有关法规指引下，依法依规开展发动机及总成的再制造业务。随着形势的发展，有序开展全国性的总成与零部件营销和配送，建设互联网营销平台。

二期建设涉及较多的领域和学科，虽然顶层设计要统领在一个多元资源循环体系之中，但各分支各有特点，建议分门别类，从投资到运营，各项目单独建设并独立核算，以适应专业领域的需求和相应的经济规律，也为园区化管理打下基础。

10.5.4　设备配置原则

根据拆解生产技术和工艺要求，参照相关规范进行一期设备配置。

① 临时存储和称重设备：立体车架、地磅、一般磅秤等。

② 预处理设备：预处理平台、废油液收集装置和分类存放废油液的密闭容器；存放聚氯联苯或聚氯三联苯电容器、机油滤清器、蓄电池的防漏专用金属周转箱和存储含汞开关的防漏密闭容器；安全气囊引爆装置；空调制冷剂收集装置等。

③ 剪切机、破碎机、打包机等废钢铁加工设备。

④ 专用总成拆解平台和油水分离系统。

⑤ 拆解厂房吊车、拆解翻转机、万能拆解机（俗称老鹰剪）、剪切机、打包机等。

⑥ 大容量硬盘记录设备、可视化监控系统等。

⑦ 废钢破碎生产线。

⑧ 起重设备、叉车和拖车。

⑨ 污水、有害气体和固体废物存储和环境治理相关设施。

⑩ 其他：如计算机信息系统、抽油机、气动工具、液压机械等。

另外，采用固定工位拆解法，应设置带液压升降的拆解作业台；采用节拍自动流水线拆解法应设置移动板链线和承载小车；采用整车破碎法应设置上料平台、大型破碎机和自动分选装置。

根据工作进展和产业链延伸的情况，参照不同技术领域的工艺要求分别开展二期设备的配置。由于涉及领域较宽，此处不再详述。

10.6　需要注意的理论与技术要点

10.6.1　物料分析

汽车资源循环体系，最重要的物料就是汽车，因此要依赖大数据和统计学，对于当地汽车的保有量、理论报废量、实际回收量等进行较为清楚的分析，对于汽车总量的概念也要全面认识。所谓的保有量，首先是总量，既包括占有较大比例的小客车，也包括大客车、载重车等大型汽车和部分专有车辆。由于大小不一，拆解材料数量和零部件应用情况都不尽一致，要根据本地区车辆特点分别统计。

10.6.2　明确主业

主业即是企业主要运作流程和主要收入来源。注意，不是想当然一定都是以处理客用小汽车为主业，不同区域主业其实各不相同。如不少西北地区拆解企业是以大型车辆的处理与再利用为主业，这主要依赖于地域广阔，运输里程多，大车报废速度加快等因素。而对于工程车辆而言，再用件和再制造件，乃至整车修复的收益可能比拆解材料收益大得多。

10.6.3　大回收概念

回收能力是企业物料充足的保障。这需要线上线下的结合，老客户的维持，新客户的开拓，特殊客户如事故车、工程车的主管单位保险、建设部门的跟踪服务等。大回收的概念还体现在受其他同行委托开展深加工，例如可以回收其他企业打包钢料到本企业进行废钢破碎深加工。

10.6.4　结合国情

经过几年的实践，业内基本有一个共识，即照搬国外的产业做法不一定适合我国具体情况。例如欧洲的整车破碎流程，在我国由于能源和材料价格原因难以持续运行，而人工拆解配合适用设备的粗精拆并举方法可能更为适合。一些自动化程度很高的流水线，有时也存在节拍不协调现象，工位冗余或工序积压都有发生。从经济上讲，综合考虑设备投资和产出，是国内产业建设要考虑的因素，量入为出才可以良性循环。所以要对先进的技术和设备做进一步分析，结合具体处理对象，通盘考虑总体方案。实践证明，分析人力资源和自动化设备的关系，人机结合，合理分配工作节拍，不但控制了投资强度，减少能源消耗，也能适当解决地方就业问题，而这往往是政府招商引资的一个关注点。

10.6.5　多元意识

对于汽车循环这样一个综合性"城市矿产"开拓项目，多元意识应贯穿始终。除了本章已经谈到的产业多元性和不同层次产业链的衔接，多元的生产过程对于原料的聚集也提出了较高要求。由于本企业拆解物料和再用件有时不能达到各子系统设计产能的需求，还需要收集其他企业或地区的中间产出物在本系统加工。这在宏观上对于资源实行了区域定向聚集，并能够以资源为统领，带动区域产业升级和提高。作为系统设计师，要抓住资源流动和再分配的机遇，完善所在地区产业结构，提高经济活力。

参考文献

[1] 杨敬增，曹雅."双碳"形势下的汽车拆解园区化建设[J].再生资源与循环经济，2022(1)：15-19.

[2] 刘正，池莉，张琪.报废汽车拆解工艺的比对与研究[J].再生资源与循环经济，2021(1)：32-35.

[3] 马士勇，丁涛，杨敬增.报废汽车拆解利用循环产业链建设的初步探讨[J].再生资源与循环经济，2013(5)：31-35.

第**11**章

基于乡镇环境综合治理的水资源循环产业链

　　乡镇生活污水处理是农村基础设施建设的重要组成部分，是现代化城镇的重要标志，是美丽乡村建设的必要条件。党的十九大提出牢固树立社会主义生态文明观，推动形成人与自然和谐发展的现代化建设新格局。战略目标的确立，凸显了环境保护在整个国民经济和社会发展中的重要地位，为大规模发展乡镇污水处理设施提供了明确的政策导向。PPP 模式（public-private-partnership，公共私营合作制）等新型投资方式的推出，又在该领域内形成了以社会资本为主，统一、规范、高效的建设市场。党的二十大提出推动绿色发展，促进人与自然和谐共生的新格局，要加快发展方式绿色转型。推动经济社会发展绿色化、低碳化，推进各类资源节约集约利用，加快构建废弃物循环利用体系。推动形成绿色低碳的生产方式和生活方式。为了更好地适应发展形势，产业界积极开拓农村与城镇污水处理事业，以环境和生态保护为前提，促进广大农民和城镇居民绿色生活，创建美好环境，以积极姿态和全新视角开拓市场。力争将技术进步、市场营销同新农村建设、人民安居乐业、企业可持续发展等方面有机结合，形成技术、工程、市场、政策于一体的系统工程，有力地改善我国农村生态环境。

　　"绿水青山"水当先，乡镇要改善环境质量，要坚持水环境治理优先原则。社会在发展，时代在变迁，群众对美好生活的期盼也随之升级，环境建设不断面对新的挑战和机遇，探索出一条独具中国乡村特色水环境治理的新路子是新常态化的需要。采用系统治理手段，建立基于乡镇环境综合治理的水资源循环产业链，迅速改变广大农村较为落后的环境现状，创建天蓝、地绿、水净的美丽乡村，是环境治理和资源循环的社会责任。

11.1 乡镇污水处理特点

城市污水处理技术已日趋成熟，集中化的污水厂能够应对城市不同污水量变化造成的负荷冲击，为城市污水全面处理奠定了坚实的基础。但农村的生活污水的处理相比于城市还有很多不完善的地方，因此如何根据我国乡镇的特点，更好开展我国农村生活污水的处理工作，是迫切需要解决的问题。

11.1.1 现状

截至 2022 年底，全国共有 691510 个行政村和 2617000 多个自然村。一方面农村污水排放总量持续提升，全年全国农村污水排放量达 337.1 亿立方米。另一方面全国农村生活污水治理率也在不断提高。2023 年 4 月，生态环境部部长黄润秋受国务院委托，在十四届全国人大常委会第二次会议所作的年度环境状况和环境保护目标完成情况的报告显示，2022 年农村生活污水治理率已达 31% 左右。而在 2020 年，这一数据为 25.5%。全国农村卫生厕所普及率超过 73%，农村生活污水乱排现象基本得到管控。从"污水靠蒸发"到"清水绕人家"，各地各有关部门认真贯彻落实中央部署要求，积极推动农村生活污水治理，建设宜居宜业和美乡村。2022 年 12 月，生态环境部印发《农村生活污水和黑臭水体治理示范案例》，山东荣成市、重庆涪陵区、四川阆中市等 14 个案例榜上有名。

建设宜居宜业和美乡村和良好人居环境，是广大农民的殷切期盼。农村生活污水治理是农村人居环境整治的重要内容，是实施乡村振兴战略的重要举措。2021 年 11 月，中共中央办公厅、国务院办公厅印发的《农村人居环境整治提升五年行动方案（2021—2025 年）》提出，以资源化利用、可持续治理为导向，选择符合农村实际的生活污水治理技术。而 2023 年的中央一号文件则提出，要分类梯次推进农村生活污水治理。

11.1.2 特点

乡镇（农村）污水具有的特点如下。

（1）直排问题仍然存在，污染严重

农村缺乏污水收集和处理设施，污水直排问题仍然亟待解决。大多数乡镇村落都没有完善的污水收集和处理设施，产生的生活污水和部分工业废水几乎是未经任何处理直接排入自然水体（河道、池塘、地下水等），乡镇水

体流动性较小，环境容量十分有限，水体污染严重。污水长期直接排入水体，使得水体丧失了应有功能，严重破坏了乡镇的整体环境和景观，还影响村民健康。

（2）水量不均，水质变化

农村人口居住分散，用水不多，生活污水量产生较小，排放分散。村民生活规律相近，污水排放量早晚比白天大，上午、中午、下午各有一个高峰时段。夜间排水量偏小，甚至可能断流，水量变化明显，具有变化幅度大的特点。不同类型村庄、不同时段的水质、不同时间水量的变化系数以及污水污染物浓度都有明显差别。

（3）有机物含量高，可生化性差

农村生活污水性质相差不大，重金属和有毒有害物质很少，但有机物含量高，特别是氮（N）、磷（P）含量高，可生化性差。人们无意识地排放和雨水的冲刷，使大量的有机质和 N、P 等物质流入湖泊等水体，如果不加以处理利用，常常会引起富营养化，给生态环境和人们的身体健康带来不利影响。

（4）连带污染效应

乡镇农村生活污水未经处理或者处理技术低下，将产生连带污染效应，会造成地区传染病、人畜共患疾病以及地方病的发生和流行。近年来 A 型流感病毒亚型 H7N1 和新亚型 H7N9 的传染，禽畜养殖废水处理不力是重要原因之一。

（5）两类污水需要特别注意

一类是洗浴用水，据统计，洗浴用水占了所有用水量的 60%（包括洗衣 22%、盥洗 6%、淋浴 32%）左右；在一些人口不多的家庭中，用量最多的则是厨房用水。另外，在新建居住区集中居住的农户每天每户的平均水量大概在 180 升。在陈旧居住区集中居住农户每天每户的平均水量大概在 120 升；在排放方式方面，选择将生活废水直接排入村河的农户占 30%，选择将生活废水排入屋后和地表渗入地下的农户占 45%，选择将生活废水排入沟渠的农户占 25%，其余的则选择排入田地和化粪池等。无序排放极易造成水体污染和传染病蔓延，要改变这种状况，就要尽快改变农民一些不健康的生活习惯，以正确的方式排放生活污水，减少污染。在水质方面，旧居

住区的 COD_{Cr}，排放浓度达到了 $780\sim1340mg/L$；新居住区的 COD_{Cr}，排放浓度达到了 $350\sim450mg/L$。新、旧居住区的总氮、总磷排放浓度分别为 $20mg/L$、$1.93mg/L$ 和 $9.8mg/L$、$1.21mg/L$。

另一类是养殖污水。改革开放四十五年来，我国农业生产能力获得了较大幅度的提高。畜禽散养户的不断增多，在提高人们生活水平的同时，畜禽粪便造成的污染也是不可忽略的问题。有资料显示，养殖一头猪所产生的废水是一个人的 7 倍，而养殖一头牛则是 22 倍。这些有机物未经处理，渗入地下或进入地表水，使水环境中硝态氮、硬度和细菌总数超标，严重威胁着居民饮用水的安全。

11.1.3 面临的问题

（1）资金来源

近年来国家倾力投入巨额资金，使得各地大型污水处理设施和干线网管建设不断加快、处理能力持续提高。不过，与城市相比在乡镇和农村污水处理方面还是相对滞后的。资金的匮乏导致建设欠账，运营能力虽有提高但仍显不足，即使总体处理率达到 30％以上，还是显著低于大中城市 90％以上、县级市 75％以上的污水处理率。广大乡镇农村需求巨大，建设资金严重缺乏，使得乡镇农村污水处理工程建设缓慢。为解决资金来源问题，吸引大量社会资本积极投入，2017 年 7 月财政部、住房城乡建设部、农业部和环境保护部《关于政府参与的污水、垃圾处理项目全面实施 PPP 模式的通知》指出，"为贯彻落实党的十八大以来中央关于加快完善现代市场体系、加快生态文明制度建设相关战略部署，进一步规范污水、垃圾处理行业市场运行，提高政府参与效率，充分吸引社会资本参与，促进污水、垃圾处理行业健康发展，我们拟对政府参与的污水、垃圾处理项目全面实施政府和社会资本合作（PPP）模式"，并有序推进存量项目转型为 PPP 模式，尽快在该领域内形成以社会资本为主，统一、规范、高效的 PPP 市场，推动相关环境公共产品和服务供给结构明显优化，为农村污水建设开辟融资新渠道。

（2）运行费用

当前农村生活污水处理投入机制中还存在一些重建设、轻管理倾向，这是因为建设成本可以通过项目申报等方式，逐级争取财政拨款投入，可以实现国家投入一点、省市配套一点、地方政府分担一点的方式进行。然而管理运营成本大多数需要基层政府协助村民解决。这对经济发展水平较低的农业地区而言，如果缺乏合理的成本分摊机制，财政包袱会比较重。由于乡镇污水具有排水量小而分散、水质波动比较大等特点，以及与城市相比，乡镇农村在社会、经济和技术等条件上的差异，较为成熟的各类城市污水工艺往往不能满足处理要求，在成本与效益平衡方面出现问题。另外，污水量越小，摊到每一吨污水处理的运行费用就越高，无论是村民支付和政府补贴都存在困难，这也是一些设施虽然建立起来却因运行费用困难而停用的原因。

（3）技术挑战

缺乏有针对性的先进适用乡镇农村生活污水处理技术，也是我国农村污水处理建设的制约因素之一。农村生活污水处理看似规模小，然而"小活儿不小"，能否采用低成本和低运行费用的技术路线，让广大乡镇社区建得起、用得起，其实是对投资者和建设者功力的考验。

第一，农村污水 COD_{Cr} 虽然不高，但很多地方雨污没有分流，导致碳源也较低，在硝化和反硝化方面造成困难，无法最大限度去除氮、磷以达到排放标准，往往不得不采用终端添加化学药剂的方法使氮、磷达标，但对于专管人员经验与知识比较低，甚至需要无人值守的基层站点，加药确实不是一个好办法。第二，农村村镇人口较少，分布广泛且分散，大部分没有污水排放管网，容易产生面源污染，需要以分散模式建造大量中小型和小微型厂站系列，来替代修建大型污水厂、污泥处理设施和干线管网的传统工程，这给总体布局和统一规划又提出了挑战。第三，污水治理达标后还要用起来才好，能否在就地治理的基础上达到污水资源的综合回用，是农村资源循环的重要内容。总之，在低投入、低成本和低运行费这一系列经济要求下，圆满实现上述目标绝非易事。

（4）综合治理问题

农村存在的环境污染是综合的，治理也要全面考虑。例如近年来，随着农业经济的不断发展，我国村民生活质量逐渐提高，居住条件也得到了很大改善，大多数人不再愿意使用以前的旱厕，冲水厕所在农村成为主流，但是由于管网系统严重缺乏，部分生活污水直接排放到溪湖河流中，影响水体的水质。再如由于有机质多，乡镇垃圾的渗滤液也多，容易造成恶臭现象。农业污染本身是综合的，很难界定污染物固体和液态的界限，治理也要综合考虑。

（5）管理制度缺失

部分农村污水治理设施缺乏统一的日常运行维护、水质监测、工程资料备案等一系列管理制度。负责管理农村生活污水治理的政府机构人手不足，管理能力、技术支持不够，同时缺乏专业的污水治理设施管理机构及相关技术人员，一些设施的运行、管理及维护得不到保障。部分村民环境保护意识薄弱，对环境污染危害性认识不足，对农村生活污水收集管网及污水治理设施建设缺乏理解，持怀疑观望的态度，不能自觉地配合农村生活污水治理工作的开展。

11.1.4 PPP 模式

PPP 模式，是指政府与私人组织之间，为了提供某种公共物品和服务，以特许权协议为基础，彼此之间形成一种伙伴式的合作关系，并通过签署合同来明确双方的权利和义务，以确保合作的顺利完成，最终使合作各方达到比预期单独行动更为有利的结果。PPP 模式将部分政府责任以特许经营权方式转移给社会主体（企业），政府与社会主体建立起"利益共享、风险共担、全程合作"的共同体关系，政府的财政负担减轻，社会主体的投资风险减小。PPP 模式比较适用于公益性较强的废弃物处理或其中的某一环节，如水污染治理和生活垃圾的焚烧与填埋处置环节等。

11.2 乡镇污水处理工艺简述

世界各国对于乡镇农村污水处理都有不同工艺。日本早在 20 世纪 60 年代初兴起处理中小型分散生活污水的一体化净化槽技术，对改善当时的乡村水环境起到重要作用，直到现在仍然是日本农户常用的处理设施之一。澳大利亚称之为"filter"的技术，是一种"过滤、土地处理与暗管排水相结合的污水再生利用系统"，可以集污水处理与农田灌溉需求于一体。而据报道，欧洲和北美有 20%～30% 的人口利用小型污水处理系统处理乡镇生活污水，工艺多为改进型氧化沟、A^2O 及其变形等组合工艺。

我国农村生活污水处理起步较晚，但发展速度很快。目前，国内外由不同技术组合而成的农村生活污水处理工艺形式很多，主要分为 4 类："厌氧＋生态"工艺、"好氧＋生态"工艺、"厌氧＋好氧"工艺和"厌氧＋好氧＋生态"工艺。本着"低投资、低能耗、简便、高效"的原则，大多采用智能化、便捷化的运行方式。许多处理企业在工艺和技术创新方面开展工作，由于篇幅所限，这里谨将近年来乡镇农村污水处理中常用的几种做简要的介绍。

11.2.1 A^2O 工艺

图 11-1 示出 A^2O（anaerobic-anoxic-oxic，厌氧-缺氧-好氧法）工艺流程。

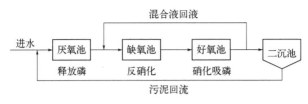

图 11-1　A^2O 工艺流程

在该工艺流程内，BOD_5、SS 和以各种形式存在的氮和磷将一一被去除。A^2O 生物脱氮除磷系统的活性污泥中，菌群主要由硝化菌和反硝化菌、聚磷菌组成。在厌氧段，聚磷菌释放磷，并吸收低级脂肪酸等易降解的有机物；在缺氧段，反硝化细菌将内回流带入的硝酸盐通过生物反硝化作用，转化成氮气逸入到大气中，从而达到脱氮的目的；在好氧段，硝化细菌将入流中的氨氮及有机氮氨化成的氨氮，通过生物硝化作用，转化成硝酸盐；好氧段聚磷菌还超量吸收磷，并通过剩余污泥的排放，将磷除去。

该工艺在厌氧、缺氧、好氧三种不同环境条件下，微生物菌群有机配合，具有去除有机物、脱氮除磷的功能。在同时脱氧除磷去除有机物的工艺中，该工艺流程最为简单，水力停留时间也少于同类其他工艺。厌氧—缺氧—好氧交替运行，丝状菌不会大量繁殖，污泥体积指数（SVI）较小，不会发生污泥膨胀，但污泥中磷含量较高。

A^2O 工艺有各种变体，比如倒置 A^2O、改良 A^2O 等。

11.2.2　MBR 工艺

通常提到的膜生物反应器（MBR）实际上是三类反应器的总称：①曝气膜生物反应器（aeration membrane bioreactor，AMBR）；②萃取膜生物反应器（extractive membrane bioreactor，EMBR）；③固液分离型膜生物反应器（solid/liquid separation membrane bioreactor，SLSMBR）。这里分析的是第三种，也是工程上常用的种类。

MBR 污水处理是生物处理与膜分离相结合的一种新技术，它取代了传统工艺中的二沉池，将膜分离技术与传统生物处理技术有机结合，实现污泥停留时间和水力停留时间的分离，可以高效地进行固液分离，得到直接使用的稳定中水。又可在生物池内维持高浓度的微生物量，工艺剩余污泥少，有效地去除氨氮。出水悬浮物和浊度接近于零，出水中细菌和病毒被大幅度去除，能耗低，占地面积小。

图 11-2 示出 MBR 的工艺流程。

污水经过提升泵进入过滤精度为 1～2mm 的细格栅，最大限度地防止

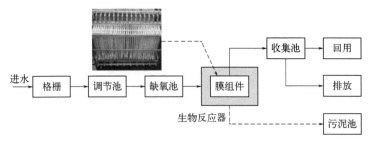

图 11-2　MBR 工艺流程

粗大悬浮物或漂浮物以及毛发等进入后续系统，将可能造成膜损坏的机械性杂质过滤掉。污水通过格栅后进入调节池。

水质、水量、酸碱度或温度等水质指标的大幅度波动会降低后续系统的处理效率，而通过调节池减小指标波动，或通过搅拌器对水质进行均质均量的混合。污水经过调节池后进入缺氧池，缺氧池的活性污泥不仅能降低COD、BOD，同时可以使硝酸盐中氮在反硝化菌的作用下生成氮气（N_2）。缺氧池的溶解氧（DO）值控制在 0.2mg/L 以下。

根据膜组件和生物反应器的组合方式，可将 MBR 分为分置式、一体式以及复合式三种基本类型。

分置式把膜组件和生物反应器分开设置。生物反应器中的混合液经循环泵增压后打至膜组件的过滤端，在压力作用下混合液中的液体透过膜，成为系统处理水。固形物、大分子物质等则被膜截留，随浓缩液回流到生物反应器内。分置式特点是运行稳定可靠，易于膜的清洗、更换及增设。而且膜通量普遍较大，但水流循环量大、动力费用高。

一体式 MBR 把膜组件置于生物反应器内部。污水进入膜生物反应器，其中的大部分污染物被混合液中的活性污泥去除，再在外压作用下由膜过滤出水。由于省去了混合液循环系统，并依靠抽吸出水，能耗相对较低；占地较分置式更为紧凑，在水处理领域受到了特别关注。但是一般膜通量相对较低，容易发生膜污染，且膜污染后不容易清洗和更换。

复合式 MBR 形式上也属于一体式膜生物反应器，所不同的是在生物反应器内加装填料，从而形成复合式膜生物反应器，改变了反应器的某些性状。

MBR 工艺已成功用于生活污水、垃圾渗滤液和工业污水等废水处理中，近年来也常用于乡镇污水处理领域，在污水处理和再生回用方面起到重要作用，但 MBR 也存在投资和能耗偏大、运行成本高和膜污染等问题，工程界正在通过膜组件、膜材料性能改进等手段加以改善。

11.2.3　MBBR 工艺

传统污水处理的方法主要有活性污泥法和生物膜法两大类，前者从 20 世纪初英国开创以来，经过几十年的发展革新已经拥有多种运行方式，同时由于其极好的污水处理效果而逐渐成为大家认可的比较成熟的工艺。后者则是利用附着在填料上的生物对水体进行净化的工艺，近年来也得到迅速的发展和提高。从多年的运行实践来看活性污泥法虽较为成熟，但也存在很多的缺点和不足，如曝气池容积大、占地面积多、基建费用高等，同时对水质、水量变化的适应性较低，运行效果易受水质、水量变化的影响等。后续出现的生物膜法弥补了活性污泥法的很多不足，如它的稳定性好、承受有机负荷和水力负荷冲击的能力强、无污泥膨胀、无回流，对有机物的去除率高，反应器的体积小、污水处理厂占地面积小等。但是生物膜法也有其特有的缺陷，如生物滤池中的滤料易堵塞、需周期性反冲洗、同时固定填料以及填料下曝气设备的更换较困难、生物流化床反应器中的载体颗粒只有在流化状态下才能发挥作用，工艺的稳定性较差等。

鉴于以上两种工艺的缺点和不足，移动床生物膜反应器（moving-bed-biofilm-reactor，MBBR）应运而生。它吸取了传统的活性污泥法和生物接触氧化法两者的优点，是一种新型、高效的复合工艺处理方法。其核心部分就是以相对密度接近水的悬浮填料（图 11-3）直接投加到曝气池中作为微生物的活性载体，当微生物附着在载体上，漂浮的载体在反应器内随着混合液的回旋翻转作用而自由移动，依靠池内的曝气和水流提升作用而处于流化状态，提高反应器中的生物量及生物种类，从而提高反应器的处理效率。由于填料密度接近于水，所以在曝气的时候，与水呈完全混合状态。

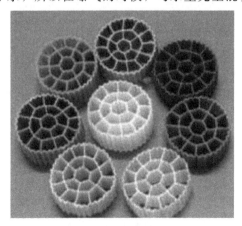

图 11-3　MBBR 填料

载体在水中的碰撞和剪切作用，使空气气泡更加细小，增加了氧气的利用率。另外，每个载体内外均具有不同的生物种类，内部生长一些厌氧菌或兼氧菌，外部为好氧菌，这样每个载体都是一个微型反应器，使硝化反应和反硝化反应同时存在，提高了处理效果，从而达到污水处理的目的。

作为悬浮生长的活性污泥法和附着生长的生物膜法相结合的一种工艺，MBBR法兼具两者的优点：占地少——在相同的负荷条件下它只需要普通氧化池20%的容积；微生物附着在载体上随水流流动，所以不需活性污泥回流或循环反冲洗；载体生物不断脱落，避免堵塞、有机负荷高、耐冲击负荷能力强，所以出水水质稳定；水头损失小、动力消耗低，运行简单，操作管理容易；同时适用于改造工程等。为适应乡镇污水处理的需求，投资适中、占地面积小、能耗低、管理简单的MBBR一体化污水处理设备（图11-4）已经推广应用。

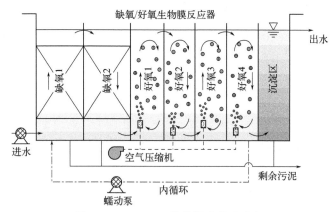

图11-4　MBBR一体化污水处理设备

MBBR填料是一种新型生物活性载体，为微生物提供适合生长的环境。它采用科学配方，根据污水性质不同，在高分子材料中融合多种有利于微生物快速附着生长的微量元素，经过特殊工艺改性、构造而成，具有比表面积大、亲水性好、生物活性高、挂膜快、处理效果好、使用寿命长等优点。从经济、实用、高效的角度出发，高性能的新型填料在材质方面，应具有价格低廉、使用寿命长、易挂膜等特点。在结构方面，设计的比表面积应尽可能地大，并可以制造一些功能区，适应不同要求的厌氧、好氧微生物的生长，还要容易脱膜。同时，应尽可能地降低悬浮填料的造价，最大程度发挥其优点，使其更广泛地应用到污水处理中。

MBBR技术适用性强，应用范围广，既可用于有机物去除，也可用于脱氮除磷；既可用于新建的污水处理厂站，更可用于现有污水处理厂站的工艺改造和升级换代。

11.3　乡镇综合治理水资源循环产业链

11.3.1　需要解决的问题

（1）分散处理与分类回用

针对我国经济发展迅速、环境污染严重、资金少、耕地少、能源紧缺等国情，就地分散处理技术应适合我国乡镇污水处理的发展方向。而分散高效处理的同时，更要强调分类回用，以减少排放压力，促进资源有效利用。

（2）兼顾其他种类污水

除村民生活污水外，乡镇农村中其他污水的处理也要兼顾。例如养殖污水、过量施肥施药产生的农田水，以及乡镇工业产生的工业废水，应在处理设施建设中协调考虑。

（3）协同解决厕所卫生问题

厕所的改造是新农村建设的重头戏。基层农村旱厕、"连茅圈"（人厕与猪圈相连）问题严重，不仅影响村容村貌，而且存在健康隐患。厕所改造要本着实用、耐用、卫生和安全的原则，固液分离，无害处理，合理利用。

（4）水资源闭路循环

我国绝大多数农村污水呈面源分布，无序排放严重，如不能有效处理，会给土壤造成严重污染。科学地将水资源回用，并有组织地进入闭路循环，实现"污水—处理—回用—污水—处理"的良性循环，能有效保障乡镇农村健康卫生。例如经过常规 MBBR 工艺处理过的污水，还有部分氮磷成分，固然可以采取添加药剂等方法深度处理，但经过检测和调节，作为施肥水浇灌则更符合环保和循环利用理念。

（5）低成本运行

为建成后能持续运行，在设计环节就要考虑低运行费用的问题。如减少提升次数，选用低功耗设备，合理安排处理厂区位，利用自然的高程落差，尽量采用非药物除磷等措施。在控制和巡检方面，充分利用数字信息技术和远程监测功能，力争做到无人值守，最大限度减少人工投入。

（6）优美景观和环境

产业链既要考虑实用性，也要关注优美的景观和环境。农村水资源循环可以为新农村增添美丽的景观，是以环境友好为建设目标的环境设施建设新概念。

11.3.2 建立产业链框架

图 11-5 示出了基于乡镇环境综合治理的水资源循环产业链框架。

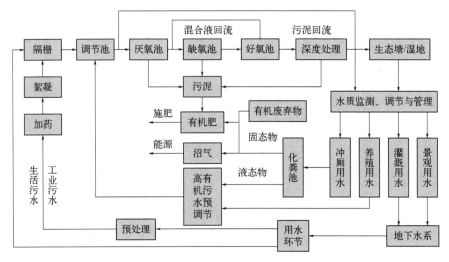

图 11-5 基于乡镇环境综合治理的水资源循环产业链框架

该产业链框架立足于乡镇水资源的处理和综合利用，但又将乡镇环境综合治理有效结合起来，用系统工程的方法，集成污水生化处理、污泥与卫厕废弃物回用、沼气制备和养殖种植为一体，兼顾生态景观的建立，并将生活污水之外的其他污水如工业污水和养殖污水一并协同处理。在工业污水数量较大时，应添加预处理环节。化粪池液态物和养殖废水等高浓度废水应考虑预调节环节。

产业链以生物处理为主要工艺流程，在厌氧、缺氧和好氧等多级生化处理后，去除 COD、BOD、氨氮和磷等污染物，再经深度处理环节达到满意的效果。系统特别增设了生态塘/湿地进行自然生态净化，经水质监测、调节和系统管理后，分别应用于冲厕、养殖、灌溉和景观等不同水资源需求场合。生态塘/湿地还可配合池塘假山喷泉，为建设地增添山水宜人的景观。对于我国北方低温地区，也可将生态塘/湿地设置为室内景观或同蔬菜大棚相结合。乡镇农村产生的有机废弃物、卫厕固态物和水处理过程中的污泥可制成有机肥料，也可以发酵制备沼气，提供清洁能源。卫厕液态物和养殖污水作为高有机质污水回送到入水端，补充进水碳源，有利于反硝化脱氮。

11.4　要点分析

11.4.1　以人为本，保护生态

开展乡镇环境治理，应该遵循以人为本的精神，以农村环境综合整治为抓手，创建美丽乡村，进一步提高农民的幸福指数。首先要从广大农民的切身需求出发，分析人群的衣食住行和传统生活习惯，进而了解到主要污染因子和形成原因，结合先进的治理方法，为乡镇村落提出有效、简易和经济的总体解决方案。而生态的保护、资源的循环利用和污染物的减量化又反过来潜移默化地改变着农民的生活习惯。

生态文明是循环产业链设计和建设的主要目标，有利于消除污染和病疫，将废弃物在产业链中变为有用的资源并加以利用，实现资源环境的可持续发展。在本案例中，将污水、有机垃圾和卫厕产出物等数量多、污染大的废弃物作为治理目标，通过适当的工艺，消除污染，还可生产有机肥作田间施肥，产生沼气提供清洁能源，既保护了环境，消除了污染，又方便了农民，不但体现了绿色策划设计的竞争力，也为我国农村生态建设摸索新的方向。

11.4.2　抓住要素，有机衔接

循环产业链将各相关要素链接起来，不僵化，不片面，不带偏见地分析这些相关要素，将水（污水）、固（固体农业废物）、气（沼气）、肥（有机肥）协同考虑，前后呼应，有机衔接，协调互补，形成闭环产业体系。深入分析，找出具有正向作用的合理内核，改"静"为"动"，使得静止时无用甚至有害的要素都可以在循环中得到新生，进一步体现了"废物是放错位置资源"的辩证观点，通过合理的循环路径，达到变废为宝的目的。

11.4.3　因地制宜，开展整治

在进行农村环境综合整治时，要根据农村的特点、现有条件和发展需求，因势利导，因地制宜地治理和改造。对乡镇农村污水处理，要结合农村类型、自然经济条件、居民区分布等，选用经济、实用的污水收集、处理技术和设施，尽量利用现有的排水系统，运用无动力或微动力自然处理方法进行分片或集中处理后排放，尽可能降低运营维护成本。对于分散居住的农户

采用分散式污水处理设施，着力控制面源污染。科学布局，规划好处理工程，强化湿地生态修复能力，增强水系的连通性，以降低水体污染程度，营造优良环境和优美景观，营造小康和谐氛围。

参考文献

[1] 李飞. 乡镇环境卫生综合整治存在的问题及对策建议[J]. 工程技术(文摘版)，2017，4：214.

[2] 曹志荣. 浅谈农村污水处理现状及存在的问题[J]. 科学与技术，2014(5).

[3] 侯慧. 我国农村生活污水处理现状及建议[J]. 资源节约与环境，2014(2)：138-139.

[4] 钟小凤. MBR 工艺的概述及应用[J]. 资源节约与环保，2014(5)：117-118.

[5] 李景贤，罗麟，杨慧霞. MBBR 法工艺的应用现状及其研究进展[J]. 四川环境，2007(5)：99-101.

第**12**章

互联网＋资源循环体系

互联网的迅速发展，对诸多传统行业产生了重要影响，它打破了信息不对称格局。大数据的整合利用，使资源最大限度利用，同时使市场的营销结构更加扁平化。互联网最突出的价值是对于传统行业的信息化开发，即用互联网的思维去重新提升传统行业。从产业链视角构建基于平台化、移动化、App应用化、电子商务化和社会责任化的互联网社会服务体系，对于包括资源循环在内的产业体系建设有革命性的促进作用。

12.1 资源循环需要互联网平台

12.1.1 社会需求是市场的源泉

互联网科技要与社会需求相结合，才能发展壮大市场，才有愈来愈强的生命力。近年来互联网领域不断壮大，不断研发和推出的新技术和新应用，给我们的工作和生活带来便利。而正是我们生活和生产的需求，又给予互联网科技以新的动力。例如越来越紧张的工作生活节奏，使得网上购物成为人们尤其是青年人的首选，现金和信用卡结算的局限，又促进了网上支付方式的诞生。由于"最后一公里"给出行造成的不便，催生出共享单车这个亮丽的城市风景线。酒驾或疲劳驾驶的车祸风险，引起了人们对于无人驾驶的期待，而百度团队正是看到社会大众有这个需求，所以对"无人驾驶"技术进行研发和试用推广。越来越多的社会实践告诉我们，适应市场需求的互联网科技既可以满足大众需求，改善社会生活，又能获得相应的利润，实现双赢的局面。

12.1.2 互联网＋资源循环

资源循环需要互联网科技的支撑。再生资源往往散于社会，仅仅依靠传统回收和利用方式难以做大做强。以互联网＋资源循环方式产业运作，是近年的热点之一。再生资源、电子废弃物和厨余垃圾等回收体系的建立，对于废物回收、集聚资源起到一定作用。B2B（business to business，企业与企业之间通过互联网等现代信息技术手段进行商务活动的电子商务模式）废旧纺织品交易和咨询平台建设使纤维再利用范围扩大。一些企业集团建立的互联网环卫运营为核心的产业链，借助线上 App 和线下回收箱，宣传环保理念、指导居民垃圾分类和定点投放，形成"互联网＋分类回收"模式。一些城市服务平台也为废品回收提供接口，以促进两网融合和协同处理。互联网＋再生资源领域的典型运作模式、互联网＋资源循环利用交易平台、互联网＋再制造典型应用、互联网＋园区产业共生和废物管理等应用模式为产业发展开辟了信息道路。

然而，"互联网＋资源循环"的发展也面临不少实际问题。除了估价争议、公众接受过程、盈利模式、信息安全等近期热议的问题之外，线上线下融合和互联网式资源循环体系的缺失这两大问题比较突出。一些互联网回收企业由于仅在线上运营而无线下布局，向回收再利用环节渗透不够，在线服务限于报价行情、供求信息等服务，并借此收取信息费，但经营的大多是生活废品，价值低，再加上运输瓶颈，很难取得效益。服务的开环也是一个难以解决的问题，信息是用来沟通各方，创造市场所用，一旦环节过多且互不联系，抑或绕过中间环节，以为减少成本，却因信息不对称造成更大的损失。

因此，评估已有实践，总结成功做法，探索"互联网＋资源循环"发展路径及模式剖析实际问题，有针对性地引导回收模式创新，加强企业盈利模式研究，才能保证这一新兴行业持续发展。

12.1.3　线上与线下的融合

线上线下的融合是占得先机的关键。互联网、大数据、物联网、信息管理公共平台等信息化手段，是为市场拓展和产业链运行而服务的。因此首先要实现线上回收、线下物流的融合，提高回收信息化、自动化和智能化水平。互联网运行企业要懂行业、懂物流、懂工艺流程，要有组合产业链各环节的能力，创新商业模式，支持拓展在线定价、O2O（online to offline，在线离线/线上线下的商业模式）、微店等线上线下结合的经营模式。回收时把握价格交易指数，留好各环节利益空间，提高资源回收数量，稳定供给能力。例如各种金属的回收受运输半径的限制，要合理建立回收网点。而手机回收由于重量较轻，则着重考虑上门回收、信息消除等服务形式。

营销类型互联网更多需要聚集地域、用户类型、使用条件和供应需求。

以汽车二手零件为例，特大城市和南方地区经济发达地区，汽车车龄短，零部件质量好，有利于建立线上线下零件库，而北方地区小车零件需求多，南北形成互补。东部地区人口密集，报废小客车数量大，而西北地区地域辽阔，运输里程长，大货车使用量大，零部件更换频度密集，这些规律都要从大数据的分析中得到，在线上线下的协调中扩大营销规模。

对于企业用户而言，物流引导物料运行的道路，道路通则事业兴，提升运输、定位、跟踪、监控和管理能力，及时将各种材料或商品送达客户，增强用户的体验和互动，让购物流程更智能、更便捷，培养客户对这种新型商业模式的兴趣。

12.1.4　数据化的资源循环

我国资源利用领域面临着诸如资源回收的网络体系不完善，网点建设不合理，互联网平台技术应用不完全的问题。因此各地政府应大力支持回收企业利用物联网、大数据开展信息采集、数据分析、流向监测等业务，推广"互联网＋回收"新模式，加强资源循环的数据化。例如利用电子标签、二维码等物联网技术跟踪电子废物流向，并逐渐形成废弃电器电子产品处理企业审核评价标准的一部分，为电子废弃物的无害化处理提供定量的依据，该项技术已在废弃电器电子产品处理基金补贴企业中普遍实施。

对于常规再生资源的回收，不少企业建立了以互联网为平台的信息回收网络。格林美股份公司建立的"回收哥"项目是城市废物回收的 O2O 平台，旨在构建全国性的新型互联网＋回收体系，以打通"城市矿产"开发的"最后一公里"，构建电子废弃物"云回收"体系。而深圳市爱博绿环保科技有限公司作为立足于再生资源行业的 B2B 服务管理公司，以"互联网＋回收"为契机，通过建立线上回收交易服务平台及线下回收网络体系，成为逆向供应链的服务型企业，依托多年行业资源沉淀、自建研发核心团队及线上线下同步运行的创新机制在行业内作用凸显，完成集废家电、废手机等固废产品的在线交易平台和 App 的搭建，并已投入使用。

北京新易资源科技有限公司旗下的"易再生"再生资源交易网，依托大数据、云服务、物联网、互联网等先进技术，打造出一个平台，即"废电器供应链交易平台"，六个中心，即"交易服务中心、价格指数中心、行业信息中心、金融服务中心、仓储物流中心、客户服务中心"。平台依托易招易拍、价格行情、供应链金融服务、行业资讯等板块，有效支撑废有色金属、废玻璃、废塑料、废电子产品、餐厨废油、垃圾桶、环卫用品等品类线上交易，集商品流、信息流、物流和资金流于一体。易再生平台的优势还在于，不仅能在销售环节帮出货客户多卖钱，还能帮助采购客户降低采购成本。在近几年的竞价销售中，电废行业平均溢价 6.87%，最高溢价高达 50.53%；车废行业平均溢价 3.73%，最高溢价高达 9.25%；易再生平台近几年的竞价采购中，为环卫公司平均降本 11.04%，最高降本 18%；为医危废行业降本 10.42%，最高降本 25%。

随着大型企业集团进入汽车循环领域，以报废汽车回收、再用件和再制造件营销为主要内容的数据平台也分别在各项目中建立。为吸引商铺和客户资源，共享汽车数据库信息，建设方将互联网回收平台与二手件交易平台并网。首先在回收平台建立完整的回收网点分布图，以便汽车所有者对附近回收网点有所了解，可选择自行将车辆送至回收点，汽车所有者也可于网站提交姓名、联系方式、车辆信息、联系地址、车辆实际图片等相关信息，系统自动向附近的回收点推送消息，由客服人员与其沟通免费拖车时间。为保证回收价格的规范统一，还建有汽车估价系统，根据所有者填写的汽车型号和新旧程度等给出大致价格范围，由拖车人员现场检验车辆部件完整情况。

在再用件和再制造件营销方面，建立企业—企业（B2B）、企业—用户（B2C，business to customer）模式的报废车再用件电子商务平台。从平台所在地开始，辐射相关区域的汽车拆解厂、修理厂及二手零配件销售商，集零部件信息上传、检录、图像与视频输入的卖端信息功能和网上检索、咨询、订货与配送的买端服务功能为一体，建立以快递业为合作对象的物流网络，高效、有序、准确地开展电商服务。

总之，随着互联网技术发展和产业融合度的提高，数字化的资源循环体系正在逐步形成，这一产业融合是在环境保护与资源化迅速发展的大背景下，提高生产率和竞争力的一种发展模式和产业组织形式。它有助于促进传统产业创新，提高产业竞争力，推动区域经济一体化。有助于加强区域中心的扩散效应，改善区域的空间二元经济结构（一般是指以社会化生产为主要特点的城市经济和以小农生产为主要特点的农村经济并存的经济结构）。

12.2 互联网+资源循环产业框架

12.2.1 指导思想

以物料或产品流动和交易为服务主旨，将线下实体经济和线上资源相结合，在资源回收、产品营销、处理技术、物流管理、危废处置等方面贯通融合，形成技术创新、商业模式创新以及应用创新的优势，从市场、资本、资源诸方面促进生产要素重新分配和产业结构升级。

12.2.2　产业框架

图 12-1 示出了互联网应用于资源循环产业的概念性框架。图中所见，实线箭头指引的线下物质流以资源的流动为基础，形成回收—处理—物料产出—清洁生产的产业链结构。而互联网系统的四个平台则按照虚线箭头指引的信息流作用于实体系统，实现了线上与线下的协同和配合。四个平台相互呼应，保证系统有序运行。其中回收平台在大数据和物流管理的支撑下，有力地促进社会上和产业链中两类资源的回收，也就是单一再生资源的规模回收和综合资源的分类回收，由此保证了产业链原料来源。除物流外，管理平台还对于处理技术和危废处置等环保措施进行管理。数据平台以产业链资源为基础对数据进行整合。营销平台在大数据支持下，对于产业链的产成品亦即物料和产品进行销售，以实现跨地域的规模化营销。

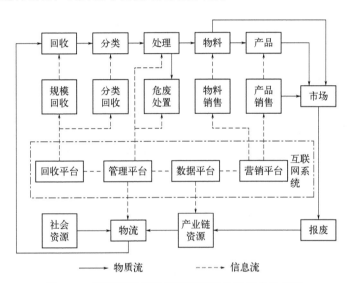

图 12-1　互联网应用于资源循环产业的概念性框架

12.2.3　产业链资源

产业链资源的提出是本框架的一个创新。所谓产业链资源，指的是正向产业链生产的产品经过社会使用后报废，可以再次进入资源循环产业链的可再生资源，这部分资源的开发，使得除了传统社会资源回收的单一渠道，又增加了重要的资源渠道。互联网的发展，使得原来销售之后就流失于社会的产品有了监督和管理的手段。对于常规船舶、大型机床、仪表电器和汽车领域，如果依照本框架所示，通过数据平台对于这些进入市场的产业链产品进行登记监督，关注其生命周期和报废年限，当产品退役或报废之后，即成为产业链资源，通过回收网络，再次进入产业链，从而实现全闭环的产业运行。这在某种程度上对于生产者责任延伸制（EPR）起到产业保障作用，也是互联网＋大型机电与电器电子产品资源循环的产业实践。

12.3 应用范例

12.3.1 废弃电器电子产品绿色回收平台

图 12-2 所示为深圳市爱博绿环保科技有限公司为废弃电器电子产品自主研发的线上回收平台体系。该体系通过互联网技术和移动互联网技术，实现回收行业的产业链整合，形成生产—销售—回收—再利用的闭环链条。这一平台包含 B2B 在线交易系统、SaaS（software as a service，软件即服务）模式管理系统、物流追溯系统、拆解物销售系统，链接上下游资源形成闭路循环体系。

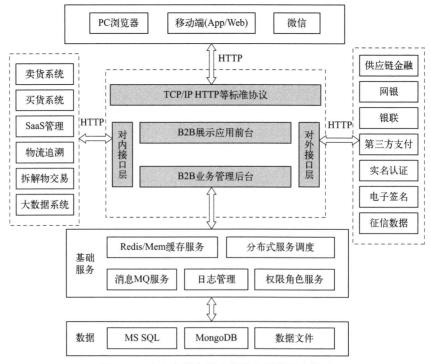

图 12-2　废弃电器电子产品线上回收平台体系

（1）B2B 在线交易

以废弃电器电子产品处理企业为对象，开发行业信用体系及供应链金融服务体系，结合行业交易特点，匹配平台数据交易，设立三种在线交易方式：指定买、指定卖、大数据撮合。对于固定交易客户，买卖双方可通过平台统筹货源、客户、资金，智能优化客户管理及在线交易后的数据统计。新拓展渠道的买卖双方，平台根据地理定位系统和用户信用机制精准匹配优质资源，快速锁定交易方，完成交易。

（2）B2B 互通关联

建立连通拆解企业和生产企业的拆解物交易平台和数据信息系统，实现拆解工序和生产工序的沟通，双向反馈，以便拆解企业及时调整拆解方案，生产企业根据拆解过程和拆解物利用难易程度，制定科学合理的产品绿色设计方案。

（3）拆解物销售平台

平台提供拆解物交易品类，例如手机拆解物和四机一脑拆解物。每个产品按照尺寸、成色、完整性、交易标准进行定义，买卖双方可在平台上进行自由交易。卖方根据自有货物下卖货单，买方根据采购需求进行产品报价后，系统推送至平台系统，平台实施制定买卖和多个买家报价的 1-N 竞价机制，价格透明公开，卖方可根据自己货物情况选择交易对象，既可卖与指定买家，也可自选买家。这种灵活的交易模式，既可维护自有货源的稳定，又能拓展新的业务范围。标准统一、交易规范、品类多样、价格透明和返款安全等线上特色，为拆解物流通再利用提供了强有力的交易保障。

（4）交易管理

收集交易价格、交易频次、交易品类、交易规模等数据，通过平台的反馈机制，为拆解企业提供市场价格动态、市场供求信息、交易趋势、市场饱和度等内容，企业可根据大数据分析对自身的拆解计划、成本核算、产出比核算、资源再利用转化率等指标进行调整和规划，做到科学合理地拆解再利用。

（5）信息反馈管理

买家的产品标准也会反馈至平台，根据再利用效率、深加工的工序和技术而调整产品标准，例如，铜铝含量、塑料种类、可用元器件性能等，这类数据会计入平台数据库中，整理后反馈至拆解企业乃至生产商，便于拆解企业高效、高质拆解，减少拆解误差及资源浪费，也便于生产商开展绿色和易拆解设计，提升产品的绿色生命周期。

（6）SaaS 管理系统

① 基于互联网技术研发的适用于回收行业的人、财、物的综合管理系统，贯穿回收、物流、进出库、交易等环节，为产业链提供管理服务和运行机制，实现信息通畅共享和物流的良性循环。系统包含客户管理、交易管理、资金管理、物流管理、库存管理等内容。

② 接收回收信息源，根据回收网点及渠道分布选择回收方式（上门回收或邮寄物流等），确定回收价格，归集货源聚集仓储基地，形成商品库存，完成直供拆解企业的采购需求。采集数据包含：回收产品、回收价格、回收信息源、回收客户分布、交易规模、货源分布、仓储基地分布、回收渠道网络分布、回收计划、库存数量等。

③ 根据大数据合理制订采购计划及拆解物的销售管理，也可将统计分析结果用于产品绿色设计。

④ 为构建产品生命周期提供回收信息，追溯数据。搭建绿色供应链回收体系及逆向物流体系，以生产商、销售商、维修店面、学校、商圈、商超、机关单位、园区、社区及运营商为起点，以个体回收者为回收单元，以区域回收商为回收节点，以处理企业为回收终点和再利用为起点的绿色回收交易平台，将回收端直达消费者，形成一条完整的闭环产业链模式，多渠道、多方向汇集资源。

图 12-3 示出互联网＋平台线上信息流动与线下实体物流的关系。

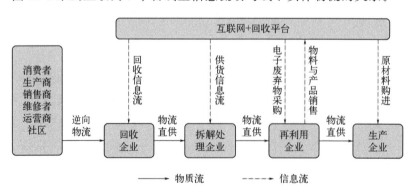

图 12-3　平台线上信息流动与线下实体物流

（7）平台技术标准

① B/S（browser/server）及 Web2.0 的技术架构，采用.NET 技术标准。

② 访问方式：通过互联网访问 PC 端网站。移动终端：Wap，App，微信。

③ 三层的网站架构，带负载均衡的 Web 服务器、应用服务器和数据服务器。

④ 数据备份系统。

12.3.2　汽车再利用和再制造件网络交易平台

（1）建立平台

汽车再用件网络交易平台采用 B2C、B2B 模式，将维修厂、零配件商、回收拆解商、再制造试点企业等不同业务领域的企业相互连接，整合为一体，实现所有业务的数据信息共享，可提供报价、咨询、接单业务的一条龙服务。由于反应快速，提货便捷，能够为一般客户提供无须等待且符合需求的维修服务。零配件数据库系统和再用件交易平台将卖方和买方联系起来。图 12-4 为汽车再利用和再制造件网络交易平台模式。

作为中心枢纽的零配件数据库系统将拆解厂和再制造厂家的产品信息汇集，根据国内外需求信息，在零部件标准化、企业高信用度和营销保险等条件支持下，经交易平台配送零部件，组织物流将产品销售至不同用户。由于再用和再制造件是在原厂件基础上延续使用，质量保证尤显重要，因此交易平台还负责质量保证和售后服务工作，以保障用户放心使用。

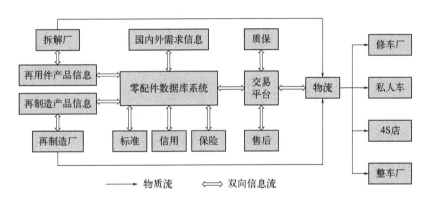

图 12-4　汽车再利用和再制造件网络交易平台模式

（2）数据库和平台的协调

零配件数据库系统和交易平台沟通买卖双方，拆解厂、修车厂、再制造厂互为呼应，实现了信息的交互，有利于其开展全系列汽车循环产业链建设。而部分以改装车（如城市环卫运输和清洁车）为主要产品的整车厂也逐步加大再制造零件的应用，由于批量较大，技术指标较高，信息的沟通和联络也是十分重要。

（3）产品范围

主流为中高端车型配件、低端车型配件的服务。但是为特定用户（如限量进口车维修、老爷车收集）提供定制化服务也会逐步加强。此外，随着电动汽车的应用普及，电动汽车的零部件也应及时纳入产品范围内。

（4）盈利模式

主要通过：

① 商铺或使用平台的服务费；

② 电商交易手续费；

③ 保险、物流居间服务费；

④ 广告费用；

⑤ 电商保证金利润（与客户共享）。

结合上述分析，进行二手件平台的三期业务规划：一期（平台建设期和试运行期）；二期（平台推广期）；三期（平台成熟期）。

（5）数据库系统

1）车型数据库

每辆车零部件上万，不同品牌、不同种类、不同车型、不同款式、不同批次所用零部件都有所差异，需要在整车企业和学/协会的支持下建立车型数据库，用户可根据零部件数据库资料准确选择匹配自己产品的信息详情，只需输入数据库中任何一条符合信息都能够搜索到对应的产品。

2）在线再用件和再制造件数据库

要保有足量的再用件和再制造件供应市场。信息包括产品外形、基本情况、部件参数、新旧程度和外形颜色等数据资料，建立供求界面，传达商务信息，如果客户有更多需求，可向平台发布专项求购信息。入库产品实行统一编码、统一入库、统一录入信息系统的"三统一"原则，同时具有灵活准确的定价体系。

3）会员数据库

要系统掌握拆解商、销售商、使用者等在线会员信息，建立诚信准则，公示并警示失信会员，建立争议处理、惩罚、产品交付约定等规则。

4）规范、标准数据库

包括国家与地方政策法规，技术标准和规范，产品检测标准，质量保证体系和争议处理原则等。需建立一套产品检测标准，对认证合格产品一经售出即承担保修期内质量问题。

5）调查统计和用户检索数据库

经过数据统计和分析，统计交易情况，了解市场需求和市场缺口，并经过决策分析得出结论，用于指导拆解商、销售商和企业及时调整业务重点，以适应市场实时需要。

（6）交易平台

① 平台交易方式。针对 B2B，需建立网上批发、B2B 网上采购、网上支付等服务。针对 B2C，需提供网上商城入口、会员管理、B2C 网上支付、网上购物等服务。

② 包装物流管理。精准快捷的物流配送服务是互联网系统的重要特点，因此要具备反应迅速、投递准确的管理体系，减少客户等待时间，提高服务效率。

③ 争议处理管理。加强客服咨询服务，处理好零部件选择、递送、质量、交易等纠纷，及时理赔和更换。建立追溯体系并对接保险公司，建立先期理赔原则。

④ 广告与宣传。提供广告营销、商品管理、交易评价、打折促销等服务。支持多种广告和宣传模式。

⑤ 人员管理。实行业务员高效的管理计划，奖惩分明，每个业务员需了解所负责区域的商铺，能够熟练使用平台，完成固定的交易量，创造更好业绩，还要做好用户走访的工作。

12.4　发展趋势

12.4.1　在信息高速路上奔跑

资源循环利用需要互联网技术支撑，资源循环体系也只有在信息高速公路才能更快更好地运行。我国的资源循环利用事业，从旧时代的走街串巷，到规模化经营，再到信息时代的互联互通，实现了历史跨越。但坦率客观地讲，以互联网、物联网和大数据引领，整合线上线下优质资源和生产要素的资源循环体系的工作才刚刚开始，还需要宏观把握，精心设计，认真实施，并尽快成为完善高效的产业体系。

12.4.2　搞好物质流和信息流融合

互联网＋资源循环，加快了资源再生信息流的速度，很好地解决了地域和时空限制。在信息沟通联络下，网上回收的新疆废手机送到了广东去提取贵金属，而重庆再制造的零部件很快会安装在哈尔滨的汽车上，经营范围扩大，产业形势很好。然而物质流和信息流毕竟是一对既统一又矛盾的共存体，需要很好地研究和融合，例如要妥善解决距离和物流、成本和效益、电商与质保、金融和诚信等方面的矛盾，使线上和线下协调运转，可持续发展。

12.4.3　发挥信息跟踪和管理功能

在闭环产业链中，大多数的资源可以循环利用，产业链资源应运而生，而互联网＋和大数据的发展，又为这部分重要资源提供了跟踪和管理的能力。例如对于一部汽车、一台机床和一艘轮船，制造完成服役时，从理论上讲，都可以对它们进行全生命周期的跟踪、记录和管理，当它们退役报废时，就可以及时回到闭环产业链中，开始新的循环，这是更高层次的物质管理。尽管要涉及多个产业和环节，有很多工作要做，但这确实是资源循环型社会的努力方向。

参考文献

[1] 袁裕辉. 基于产业链视角的社会网络服务社区商业模式研究[J]. 商业研究，2014，56(3)：16-21.
[2] 马维辉. "互联网＋分类回收"桑德垃圾分类回收实验[N]. 华夏时报，2016-04-12[2013-05-31].
[3] 詹亚琪. 以家电回收助力产业绿色发展[N]. 人民日报. 2022-06-10.
[4] 丁莹. 构建废电器供应链交易平台，促进再生资源碳足迹溯源[C]. 生态环境部废弃电器电子产品回收处理环境管理培训会议，2023-04-18.

第**13**章
循环产业园区建设及案例分析

循环经济本质上是一种生态经济，它以物质闭路循环流动为特征，运用生态规律把经济活动构成"资源—产品—再生资源—产品"的反馈式流程模式，遵循 3R（reduce-减量化，reuse-再利用，recycling-再循环）原则，使得经济系统和谐地纳入到自然生态系统的物质循环过程中。

以科技为先导，实施可持续发展战略，开辟再生资源综合利用的新局面，是建设资源节约型、环境友好型社会的重要工作。关注资源产业，把握投资时机，审时度势开展循环产业园区建设，进入以"城市矿产"为新型资源供给，以"无废城市"建设为主体的资源综合利用领域，争得先机，十分必要。

13.1 园区建设的必要性

13.1.1 文明发展的需要

几十万年前的原始文明社会，人类采摘狩猎、使用工具与火、发生部落战争，对环境的影响较小；五千年农业文明，男耕女织、人口增加、开荒放牧，对于环境有了一些影响；三百年的工业文明，蒸汽机和内燃机、大工业经济、资源—产品—废弃物，对于环境造成了巨大的影响。人们不得不关注生态文明建设和可持续发展，资源节约与环境友好已经是发展中的重大问题。建设美丽中国，需要良好的生态环境，充分利用可再生能源与再生资源，实行资源—产品—再生资源的循环经济，才能使社会可持续发展。

13.1.2 我国经济发展的需要

我国循环经济产业园区拥有很好的发展机遇。在国家相关政策的大力指导下，面对飞速发展的经济形势，循环经济产业园区的发展亟须跟上国家经济快速发展的步伐。当前面临的许多问题，如资源利用率不高、资源回收和再利用水平低、产业发展不平衡等，都严重制约着循环经济产业园区快速发展的步伐。寻找实现快速发展循环经济产业园区的途径，需要首先把握好园区的产业战略发展，把园区的产业链做长、做细，形成纵向和横向的良性、健康的发展路线，并根据所在地的工业特点，结合循环经济和工业生态的理论，形成具有各个园区特色的产业类型和发展模式。以实现各类废弃产品的回收再利用，拉动当地的经济增长，缓解当地居民的就业难问题，对循环经济在我国的实践产生巨大的推动作用。

13.1.3 可持续发展的需要

我国是世界制造基地，钢铁、水泥、电器等主导产业已居世界第一。面对原生资源枯竭的资源压力，我国必须找到一条可持续发展的资源之路，而循环经济是可持续发展的必然选择。"资源—产品—污染物达标排放"是环境保护沿袭了几十年的传统做法。"资源—产品—再生资源"则是将环境与经济行为科学构建成一个严密、封闭的循环关系。在这一体系中，资源与产品之间在符合大自然可持续发展规律的关系支配下，实现了生产废物的最大减量化、最大利用化和最大资源化。将原生资源和再生资源协同起来，在闭路的资源循环体系中得到有效的利用，并且随着社会的发展逐渐加大再生资源的应用比例，促进社会的可持续发展。在这一变革之中，循环经济产业园区承上启下，起到了枢纽、桥梁和骨干作用。

13.1.4 "无废城市"建设的需要

党的十八大以来，我国积极探索固废治理之路，坚决推进"无废城市"建设，为促进资源再生和减污降碳协同增效、保护生态环境奠定了坚实基础。

推动"无废城市"建设是解决固体废物污染问题的重要途径之一。循环经济产业园区是"无废城市"建设重要的支撑项目和平台载体，承担着城市固体废弃物的集中处置和无害化、减量化、资源化利用的历史重任，也是解决固废产生、收集、贮存、运输、利用、处置等过程中难题和瓶颈的专门机构，承担环境与资源和谐发展的产业基地。"十四五"期间，我国在 11＋5

的示范工程基础上，大力推动 100 个左右地区级及以上城市开展"无废城市"建设，循环经济产业园区建设任重道远。

13.2　园区建设的若干要点

13.2.1　建设宗旨

以发展循环经济理念为指导，以再生资源利用为目标，以有效控制污染物排放节约资源为前提，根据国家资源发展战略，建设循环经济产业园区项目。

实践证明，要解决传统生产模式污染严重、能源消耗大、碳排放严重的问题，既要从单一的生产单位（"点"）下功夫挖潜力解决，更要合理组合生产要素，探索新的产业组合（"面"）。循环经济园区正是将经济与环资和谐统一，又使得节能与减碳相结合的产业新型道路。

要以资源无害化利用为龙头和抓手，以环境保护和资源循环为建设宗旨，以新型供应链体系为物流保障，以循环产业链为科技支撑和经营体系，致力于供给侧结构性改革，适应以国内大循环为主体、国内国际双循环相互促进的新发展格局。科学合理规划设计建设汽车拆解利用循环低碳的产业园区或基地。开发"城市矿山"，保护生态环境，开辟资源新路，建设绿色文明。

13.2.2　建设内容

发挥产业集团、骨干企业、科研院所和投融资机构的产业能力、从业资质、科技创新、环境工程、集约管理和金融运作等方面的比较优势，在地方政府政策、土地、资源等基础条件的支持和协同下，投资建设规模化产业化大型工业园区；组织协调进园企业，开展以废钢、废旧有色金属、废塑料等物料为代表，兼顾废弃电器电子产品、报废汽车、报废船舶、报废飞行器和报废光电风电设施等可再生资源的无害化处理与综合利用；从事上述相关废旧物资的回收、拆解、分类以及经营销售业务，开展清洁生产，完成"产品—废弃物—资源—产品"的循环产业运行。

13.2.3　环保与生态

注重清洁生产，强化"双碳"目标意识，在产业、能源与高效利用等层面开展碳达峰和碳中和研究以及工程实现。整个完整产业体系设置在封闭园区，可以综合考虑环境治理手段和设施，以高新技术为先导，采用先进设施，集中进行环境治理和废物处置，保护生态环境，有效预防废水、大气和危固废对环境的污染，有利于开展全系列无害化处置和清洁生产的技术应用。

13.2.4 产业体系建设

加强以回收、物流、处理和营销为一体，具有绿色和弹性的供应链建设，完善以资源合理配置和综合利用为主要内容的产业链建设，延伸以清洁生产为主旨的深加工业务，促进产品更新换代，规划并建设系列既有体量规模又有科技含量示范工程，形成资源—产品—再生资源的循环经济链条。

13.2.5 促进地区发展

循环经济产业园区建设对于地方经济和社会发展起到综合促进作用。第一，杜绝污染，保护环境，节能降碳，是地方可持续发展的第一要务。第二，资源是地区发展的重要竞争力，尤其是资源枯竭，先发优势不明显的地区，依靠原生资源很难满足地方经济的需求，而凭借"城市矿产"和"无废城市"等政策利好，使地方审时度势，适时进入朝阳产业，开辟新资源，建设"城市矿山""第二油田"。第三，再生资源数量巨大，加工过程较短，资金周转迅速，园区的年营业收入一般在数十亿或百亿级，可以有力拉动GDP，增加财政收入，加快城市化进程。第四，以资源为龙头，改善地方工业结构，完善产业体系，开展供给侧结构性改革，弯道超车，使区域经济进入快车道。第五，产业园区的建设对于缓解劳动力压力，增加就业也有重要意义。

13.3 园区的资源循环属性

13.3.1 "建线补链"

"建线补链"是园区规划或改造中的一大特点。"建线"就是要根据产业和资源特点，分析所需原生资源和再生资源的数量、特点和物料属性，建立具有地域和市场特点的生产线；"补链"则是分析上下游形势和短板，提出完善循环产业链环节的方法和措施，注重与物料的全生命周期相协调，寻找物料循环利用的最大价值。

13.3.2　闭环经济模式

园区通过静脉产业把传统的"资源—产品—废弃物"的线性经济模式，改造为"资源—产品—再生资源"闭环经济模式，实现全区工业和生活废物的自身全循环和利用。

13.3.3　互补配套

园区还要和行业或地区其他产业领域形成良好的互补配套，以最短的产业流程，最低的能源消耗，为制造业企业提供原材料，打造区域资源聚集地。

13.3.4　上下游延伸

以产业链的上下游延伸为契机，促进区域经济发展。通过合理设计，上游企业产出废物变成下游产业资源，"横向联合、纵向延伸、循环链接，物尽其用"。

13.3.5　循环利用特性鲜明

有价物料资源化应用，危险废物无害化处理。产业链间通过物质循环、能量循环、信息循环紧密相连，形成了新的产业聚集模式，产业分类完整清晰，真正形成企业小循环、园区中循环、城市大循环的新型理念。

13.4　园区建设案例分析

13.4.1　园区概要

针对我国中部某地区级城市的资源禀赋、产业基础和经济发展情况进行资源循环园区规划设计。项目采用系统工程方法，确定园区总体发展思路、产业构成和重点项目，并规划设计园区内部基础设施和公用工程配套方案，提出了实施园区规划的具体措施与建议。

结合该市产业基础和协同发展优势，将园区按"四＋四"结构设计，即四区：专业处理区、综合交易区、综合处理区及配套设施区。四大产业链：即以报废汽车为主的绿色汽车循环产业链；以废电器电子产品为主的绿色处理产业链；以废纸、废塑料、废玻璃为主的非金属产业链；以废铜铝为主的有色金属产业链。四大产业链之间相互配合，纵向产业延伸，横向耦合共生，实现资源的最大化、集约化利用，促进园区内部的循环化发展。

图 13-1 示出该园区总体框架图。

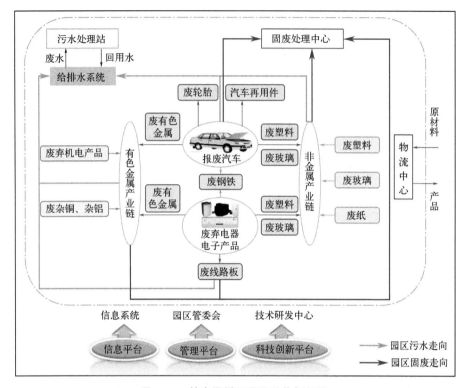

图 13-1　某资源循环园区总体框架图

园区的建立可与城市其他已有工业园区（开发区）形成良好的互补配套，构成城市可持续发展的"闭路循环"，解决城市固废围城的环境问题，同时为制造业企业提供原材料，打造区域资源聚集地，建立循环产业链，推动产业链的上下游延伸，促进区域经济发展。

13.4.2　规划重点

首先，对内外部行业发展环境进行分析，为此首先调研国内外的资源综合利用产业发展概况，重点城市和重点园区的发展模式，尤其对于本区域再生资源市场进行了详细的调研分析，对报废汽车、废橡胶、废电器电子产品，以及废钢、废有色、废塑料、废纸和废玻璃等再生资源的回收量进行统计和含量化分析。以此为基础，才能客观确定规划的范围、时限、功能定位和发展目标，以及产业项目类别和产业规模。

其次，综合分析园区具有的发展优势和制约因素，确定园区发展所面临的机遇和挑战。进而对园区的循环产业链进行了整体构建和衔接。对园区涉及的几十项重点产业项目，全部进行工艺技术方案、建设方案、环境保护和投资效益方面的设计与规划。

最后，从环境承载、外部配套需求、综合效益、循环化建设等方面对园区的运营发展进行了分析，并对园区的发展战略选择和规划实施提出了建议。

由于专业性较强，产业聚集程度不够，此前该市没有建设大型资源综合利用园区，许多企业因生产过程中产生的废弃物难以处置而影响和制约其自身发展，若各企业自身投资建设单一的废物处理设施，又限于规模小、投资高、利用率低、设备闲置多，会造成资源的极大浪费。本园区建成投产后，将全市再生资源进行统一回收处理，减轻了固体废物对环境危害，而且还实现资源高效循环利用，提高资源的回收效率，避免二次污染。

园区需要通过产业链的延伸和扩展形成资源和产业的高度聚集，有效提高资源综合利用效率，降低生产成本，以便同其他专业领域形成更加紧密的产业互补。延伸拓展也有利于上下游协调发展，做到上游产出的原材料规模化、高质化，下游产成品精细化、系列化。图 13-2 示出了产业链的延伸与协同。

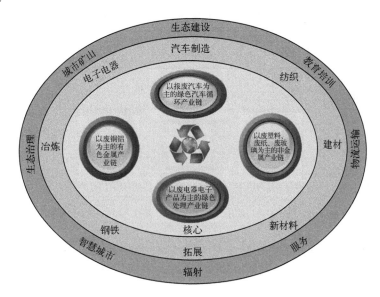

图 13-2　园区产业链的延伸与协同

园区的建设运营及其配套工程的完善能够极大改善城市固体废弃物的落后处置现状，为公众提供舒适的环境，保障社会安定。尤其是具有回收再利用价值的工业固废，其 90% 以上的资源可以通过处理利用技术回用到现代工业生产中，这不但有利于产业的延续发展，也为地区"无废城市"建设提供了产业保障。

除了产业项目本身要上下游一体化建设外，还要实现公用工程一体化、物资传输一体化、环境保护一体化和管理服务一体化，使园区内每个生产企业可以享受到一体化所带来的巨大协同效益，降低公用工程、原材料和产品储运、环保等方面的成本，提高整体竞争力。

产业园区有利于改善和提高区域整体环境质量，为打造宜居城市提供保障；有利于采用新技术，提高无害化处理效果；有利于规模化集约经营，提高效率，促进废物资源化；有利于建设城市生态环境，改善城市投资环境，协调社会经济健康发展。

13.4.3 产业目标

恰如其分地制定产业目标，是保障园区可持续发展的重要因素，既要考虑本地区再生资源的存量和回收能力，也要在资源分流和数字化回收等动态因素中分析风险，发现机会，综合分析计算后，该园区主要经济指标预估如表 13-1 所列。

表 13-1　综合利用产业园区投资及经济效益指标预估表　　　　单位：万元

分期	总投资	亩均投资强度	年销售收入（静态）	年利润（按 10％计）	亩均税收强度	年税收
一期（前 5 年，用地 1000 亩）	270000	270	545000	54500	25	25000
二期（后 5 年，用地 2000 亩）	440000	220	1090000	109000	25	50000
合计	710000		1635000	163500	—	75000

13.4.4 节能低碳

资源循环产业园区应始终注意节能低碳，绿色发展。在资源循环的全生命周期中，以"低碳""零碳"发展为导向，以能源转型为关键，广泛开展碳达峰、碳中和试点探索，扩大示范效应，因地制宜、循序渐进。优化园区产业空间布局，推进循环化改造和可再生能源利用，合理控制生产过程排放，推动减污降碳协同增效。注重生产过程中的碳排数据的检测采集和核算报告，注意物料乃至产品的碳足迹追踪和分析，统计经营好园区碳资产，建立资源循环碳中和服务平台，探索建立以碳排放强度为重要门槛指标的综合评价制度，加快形成节约资源和保护环境的产业结构、生产方式、生活方式、空间格局，塑造绿色低碳产业新载体。

13.4.5 招商引资

与已经成熟的一般工业园区的规划设计不同，资源循环产业园区是与各产业门类和社会诸多因素紧密关联的新型结构，为了使规划具有更好的可实施性，需要彻底改变传统规划仅仅宏观建议的做法，要对各大产业链和其所涉及的子项目分门别类进行产业链和供应链的研究，分析项目背景，确定原料来源、工艺技术方案、建设方案、环境保护方案、投资效益估算等，有侧重地编制重点项目的招商引资报告，目标明确、靶向性强，并与政府主管部门、投资商和企业家共商大计，在项目启动伊始，就走上良性循环的道路。

参考文献

[1] 杨敬增,池莉. 资源综合利用产业发展与园区建设流程分析[J]. 资源再生,2014(5)：35-39.

[2] 张加静. 探析产业园区循环经济的发展[J]. 商展经济,2023(3)：146-148.

[3] 陈吕军. 厚植绿色低碳循环底色 推进工业园区高质量发展[N]. 中国环境报,2022-03-07.